战略性新兴产业培育与发展研究丛书

航天领域培育与发展研究报告

栾恩杰　王礼恒
王崑声　周晓纪　等著

科学出版社
北京

内 容 简 介

本书是中国工程院"战略性新兴产业培育与发展研究"咨询项目系列研究课题的成果之一。该课题动员了我国航天工程研制、科学研究与应用各领域相关专家共同参与，首次对我国航天战略性新兴产业的发展进行了较为全面、系统的研究。该研究紧密围绕我国卫星及应用产业转型发展的阶段特征，以卫星及应用产业为主体，以建立我国自主可靠、长期连续稳定运行的空间基础设施及其应用服务体系为核心，以卫星通信广播、导航定位、遥感及综合应用的产业化推进为重点，兼顾航天技术在节能环保、信息技术、高端装备制造等领域的转化应用和融合发展，研究提出我国航天战略性新兴产业的发展策略、发展重点和发展路径。

本书有助于广大科技工作者、航天及相关应用领域的从业人员、企业人士、高校学生和社会公众了解世界航天技术与产业发展趋势及我国航天战略性新兴产业发展方向和重点，同时也可为相关决策与管理部门提供决策与规划的参考依据。

图书在版编目（CIP）数据

航天领域培育与发展研究报告 / 栾恩杰等著 . —北京：科学出版社，2015
（战略性新兴产业培育与发展研究丛书）
ISBN 978-7-03-043709-9

Ⅰ. ①航… Ⅱ. ①栾… Ⅲ. ①航天工业 – 产业发展 – 研究报告 – 中国
Ⅳ. ① F426.5

中国版本图书馆 CIP 数据核字（2015）第 049878 号

责任编辑：马 跃 徐 倩 / 责任校对：葛小双
责任印制：李 利 / 封面设计：无极书装

科 学 出 版 社 出版
北京东黄城根北街16号
邮政编码：100717
http://www.sciencep.com

中国科学院印刷厂 印刷
科学出版社发行 各地新华书店经销

*

2015年3月第 一 版 开本：720×1000 1/16
2015年3月第一次印刷 印张：10
字数：197 000

定价：82.00元

（如有印装质量问题，我社负责调换）

战略性新兴产业培育与发展研究丛书

编委会

本书编委会

丛书序

进入21世纪，世界范围内新一轮科技革命和产业变革与我国转变经济发展方式实现历史性交汇，新一轮工业革命正在兴起，全球科技进入新的创新密集期，我国进入了经济发展新常态，经济从高速增长转为中高速增长，经济结构不断优化升级，经济从要素驱动、投资驱动转向创新驱动。培育和发展战略性新兴产业是党中央、国务院着眼于应对国际经济格局和国内未来可持续发展而做出的立足当前、着眼长远的重要战略决策。战略性新兴产业是我国未来经济增长、产业转型升级、创新驱动发展的重要着力点。培育发展战略性新兴产业，高起点构建现代产业体系，加快形成新的经济增长点，抢占未来经济和科技制高点对我国经济社会能否真正走上创新驱动、内生增长、持续发展的轨道具有重大的战略意义。党的十八大报告明确指出，推进经济结构战略性调整，加快传统产业转型升级，优化产业结构，促进经济持续健康发展的一个重要举措就是积极推动战略性新兴产业的发展。

“十三五”时期战略性新兴产业面临新的发展机遇，面临的风险和挑战也前所未有。认识战略性新兴产业的发展规律，找准发展方向，对于加快战略性新兴产业培育与发展至关重要。作为国家工程科技界最高咨询性、荣誉性学术机构，发挥好国家工程科技思想库作用，积极主动地参与决策咨询，努力为解决战略性新兴产业培育与发展中的问题提供咨询建议，为国家宏观决策提供科学依据是中国工程院的历史使命。面对我国经济发展方式转变的巨大挑战与机遇，中国工程院积极构建新的战略研究体系，于2011年年底启动了“战略性新兴产业培育与发展战略研究项目”，坚持“服务决策、适度超前”原则，在“十二五”战略性新兴产业咨询研究的基础上，从重大技术突破和重大发展需求着手，重视“颠覆性（disruptive）技术”，开展前瞻性、战略性、开放性的研究，对战略性新兴产业进行跟踪、滚动研究。经过两年多的研究，项目深入分析了战略性新兴产业的国内外发展现状与趋势，以及我国在发展战略性新兴产业中存在的问题，提出了我国未来总体发展思路、发展重点及政策措施建议，为“十三五”及更长时期的战略性新兴产业重要发展方向、重点领域、重大项目提供了决策咨询建议，有效地支撑了国家科学决策。此次战略研究在组织体系、管理机制、研究方法等方面进行了探索，并取得了显著成效。

一、创新重大战略研究的组织体系，持续开展战略性新兴产业咨询研究

为了提高我国工程科技发展战略研究水平，为国家工程科技发展提供前瞻性、战略性的咨询意见，以打造一流的思想库研究平台为目标，中国工程院通过体制创新和政策引导，积极与科研机构、企业、高校开展深度合作，建立创新联盟，联合组织重大战略研究，开展咨询活动。此外，中国工程院2011年4月与清华大学联合成立了“中国工程科技发展战略研究院”，2011年12月与中国航天科技集团公司联合成立了“中国航天工程科技发展战略研究院”，2011年12月与北京航空航天大学联合成立了“中国航空工程科技发展战略研究院”，实现了强强联合，在发挥优势、创新研究模式、汇聚人才方面开展探索。

战略性新兴产业培育与发展研究作为上述研究机构成立后的首批重大咨询项目，拥有以院士为核心、专家为骨干的开放性咨询队伍。相关领域的110多位院士、近200位专家及青年研究人员组成课题研究团队，分设信息、生物、农业、能源、材料、航天、航空、海洋、环保、智能制造、节能与新能源汽车、流程制造、现代服务业13个领域课题组，以及战略性新兴产业创新规律与产业政策课题组和项目综合组，在国家开发银行的大力支持下，持续研究战略性新兴产业培育与发展。

二、创新重大战略研究的管理机制，保障项目的协同推进和综合集成

此次研究涉及十多个领域，为确保领域课题组的协同推进、跨领域问题的统筹协调和交流、研究成果的综合集成，项目研究中探索了重大战略研究的管理机制，建立了跨领域、全局性的重大发展方向、重大问题的领导协商机制，并形成了组织相关部委、行业主管部门、各领域院士和专家进行重点领域、重大方向、重大工程评议的机制。项目组通过工作组例会制度、工作简报制度和定期联络员会议等，建立起项目动态协调机制。该机制加强了项目总体与领域课题组的沟通协调，推动了研究成果的综合集成，确保综合报告达到“源于领域、高于领域”的要求。

三、注重广泛调研及国际交流，充分吸纳产业界意见和国外发展经验

此次研究中，中国工程院领导亲自带队，对广东、重庆等省市战略性新兴产业的培育与发展情况进行了实地调研，考察了主要相关企业的发展情况，组织院士专家与当地政府及企业代表就发展战略性新兴产业过程中的经验及问题进行讨论。项目组召开了“广东省战略性新兴产业发展座谈会”，相关院士、专家及广州、深圳、佛山、东莞政府相关部门和广东省企业代表进行了座谈交流；与英国皇家工程院和中国清华大学共同主办了“中英战略性新兴产业研讨会”，中英相关领域院士、专家学者就生物工程、新能源汽车、先进制造、能源技术等领域开展了深入研讨；组织了“战略性新兴产业培育与发展高层论坛”；在第十五届中国国际高新技术成果交易会期间，与国家发展和改革委员会、科学技术部、工业和信息化部、财政部、清华大学联合主办了“战略性新兴产业报告会”等。

四、创新重大战略研究的方法和基础支撑，提高战略咨询研究的科学性

引入评价指标体系、成熟度方法、技术路线图等量化分析方法与工具，定性与定量相结合是此次战略研究的一大亮点。项目以全球性、引领性、低碳性、成长性、支柱性、社会性作为评价准则，构建了战略性新兴产业评估指标体系，为“十三五”战略性新兴产业重大发展方向、重大项目的选择提供了量化评估标准。产业成熟度理论的研究和应用，为准确把握重大发展方向的技术、制造、产品、市场和产业的发展状态，评估产业发展现状，预测发展趋势提供了科学的评估方法。技术路线图方法的研究与应用，为战略性新兴产业的发展路径选择提供了工具支撑。项目还开展了战略性新兴产业数据库建设工作，建立了战略性新兴产业网站，并建立了战略性新兴产业产品信息、技术信息、市场信息、政策信息等综合信息平台，为进一步深入研究战略性新兴产业培育与发展提供了基础支撑。

“十三五”时期是我国现代化建设进程中非常关键的五年，也是全面建成小康社会的决定性阶段，是经济转型升级、实施创新驱动发展战略、加快推进社会主义现代化的重要时期，也是发展中国特色的新型工业化、信息化、城镇化、农业现代化的关键时期。战略性新兴产业的发展要主动适应经济发展新常态的要求，推动发展方式转变，发挥好市场在资源配置中的决定性作用，做好统筹规划、突出创新驱动、破解能源资源约束、改善生态环境、服务社会民生。

“战略性新兴产业培育与发展研究丛书”及各领域研究报告的出版对新常态

下做好国家和地方战略性新兴产业顶层设计和政策引导、产业发展方向和重点选择，以及企业关键技术选择都具有重要的参考价值。系列报告的出版，既是研究成果的总结，又是新的研究起点，中国工程院将在此基础上持续深入开展战略性新兴产业培育与发展研究，为加快经济发展转型升级提供决策咨询。

前　言

当今时代，人类社会步入了一个科技创新不断涌现、经济结构加快调整的重要时期。战略性新兴产业是以重大技术突破和重大发展需求为基础，对经济社会全局和长远发展具有重大引领带动作用，知识技术密集、物质资源消耗少、成长潜力大、综合效益好的产业。积极发展战略性新兴产业，是世界主要国家推动经济发展转型、赢得未来竞争优势、促进可持续发展的重要共识，也是我国面向未来发展的重要战略部署。

在这一时代，随着航天科技的快速发展以及其与经济社会的加速融合，航天科技进一步促进了人类对太空资源的开发和利用，推动世界范围内生产力、生产方式、生活方式和经济社会发展观发生了前所未有的深刻变革，为人类社会应对全球性问题、谋求可持续发展提供了新途径。进入 21 世纪，卫星及应用技术与信息技术日益融合，成为全球发展最为迅猛的战略高技术之一，卫星应用需求持续快速增长，发展航天科技成为世界大国追求空间领域领先、抢占经济科技竞争制高点、增进经济活力、发展新兴产业、维护安全利益的战略性选择。与此同时，越来越多的国家和地区积极发展卫星技术并大力推进卫星应用，以赢得新优势、赢得新市场、赢得新发展。在全面建设小康社会、实现“中国梦”的关键时期，我国国家战略及经济社会发展对我国航天发展提出了旺盛而迫切的需求，因此，2012 年 6 月，习近平主席在接见载人航天团队时指出：“发展航天事业，建设航天强国，是我们不懈追求的航天梦。”“飞天梦是强国梦的重要组成部分。”着力推进航天强国建设，积极促进航天技术在经济社会各领域的广泛应用，对培育战略性新兴产业、推动经济结构转型、促进经济社会发展和民生改善、增强我国的综合国力与国际竞争力、助推“中国梦”，具有重大战略意义。

本书是中国工程院“战略性新兴产业培育与发展战略研究”重大咨询项目子课题研究成果的总结。本书以《“十二五”国家战略性新兴产业发展规划》提出的“卫星及应用产业”为核心，基于卫星应用产业链，紧密围绕我国卫星及应用产业转型发展的阶段特征，针对抢占世界航天发展制高点、更新产业发展格局、解决约束我国航天发展的瓶颈问题、形成新的发展方向等方面的要求，提出技术发展重点，从技术推动、需求拉动和带动国民经济发展三个方面，研究提出我国航天战略性新兴产业的发展重点和发展途径。

目　录

第一章

航天战略性新兴产业概述

我国正处在经济社会转型发展、全面建设小康社会、实现“中国梦”的关键时期，以创新为主要驱动力，加快培育和发展战略性新兴产业是推进产业结构升级、加快经济发展方式转变、实现可持续发展的必然选择，也是构建国际竞争新优势、掌握发展主动权的迫切需要。战略性新兴产业是以重大技术突破和重大发展需求为基础，对经济社会全局和长远发展具有重大引领带动作用，知识技术密集、物质资源消耗少、成长潜力大、综合效益好的新兴产业。建设航天强国是推进“中国梦”的战略抉择，航天产业是我国战略性新兴产业的重要领域。大力发展航天产业，积极促进航天技术在经济社会各领域的广泛应用，对推动经济结构转型、促进经济社会发展和改善民生、增强我国的综合国力和国际竞争力，具有重大战略意义。

一、航天战略性新兴产业的概念

航天产业是一国的战略性产业，是由航天装备制造、发射服务、地面设备制造、运营服务等组成的高技术产业。其中，航天装备制造包括运载火箭、卫星、飞船、空间站以及其他高新装备等。

2012年《"十二五"国家战略性新兴产业发展规划》(简称《规划》)将"卫星及应用产业"定位为战略性新兴产业的重点发展方向。《规划》指出,要"紧密围绕经济社会发展的重大需求,与国家科技重大专项相结合,以建立我国自主、安全可靠、长期连续稳定运行的空间基础设施及其信息应用服务体系为核心,加强航天运输系统、应用卫星系统、地面与应用天地一体化系统建设,推进临近空间资源开发,促进卫星在气象、海洋、国土、测绘、农业、林业、水利、交通、城乡建设、环境减灾、广播电视、导航定位等方面的应用,建立健全卫星制造、发射服务、地面设备制造、运营服务产业链"[1]。

其中,空间基础设施,是指利用空间资源,为广大用户提供遥感、通信广播、导航定位以及其他产品与服务的天地一体化工程设施,主要由功能配套、持续稳定运行的空间系统、地面系统及运载、发射、测控等支持系统组成,是国家基础性战略资源,是经济社会发展和国家安全的重要支撑。

空间基础设施是应用卫星及卫星应用发展到一定阶段的产物。基础设施是为社会生产和居民生活提供公共服务的物质工程设施,是保证国家或地区社会经济活动正常进行的公共服务系统,除支撑性、公共性、带动性外,长期稳定、持续安全运行是基础设施必须具备的特征。在信息化时代,信息基础设施成为国家基础设施的重要领域,空间技术水平的全面提升,使得建立体系配套、长期持续稳定运行的应用卫星及其地面系统成为可能,而空间信息资源的战略地位日益凸显则促使空间基础设施成为国家现代化基础设施的有机组成部分,成为牵引卫星应用产业发展并辐射带动相关应用产业发展的重要基础。

由此可见,根据战略性新兴产业的界定和《规划》提出的发展重点,从面向业务化应用、促进和带动产业化发展的角度,在现阶段航天产业中,以空间基础设施为核心的卫星及应用产业是航天战略性新兴产业的主体。

一般的,卫星及应用产业合称卫星产业,国际公认的卫星产业链由卫星制造、发射服务、地面设备制造和运营服务四大部分组成。

结合本阶段我国航天战略性新兴产业发展的主体内容,绘制我国卫星产业链如图1-1所示。图1-1中,按照卫星产业链的四个环节,给出了空间基础设施和卫星应用在产业链中的定位,并对空间基础设施的构成及卫星应用的领域进行了说明。

空间基础设施的建设与运行涉及卫星产业链的卫星制造、发射服务两大环节以及部分地面设备制造、运营服务,卫星应用部分主要涵盖地面设备制造和运营服务两大环节,并与各领域业务应用紧密结合[2]。

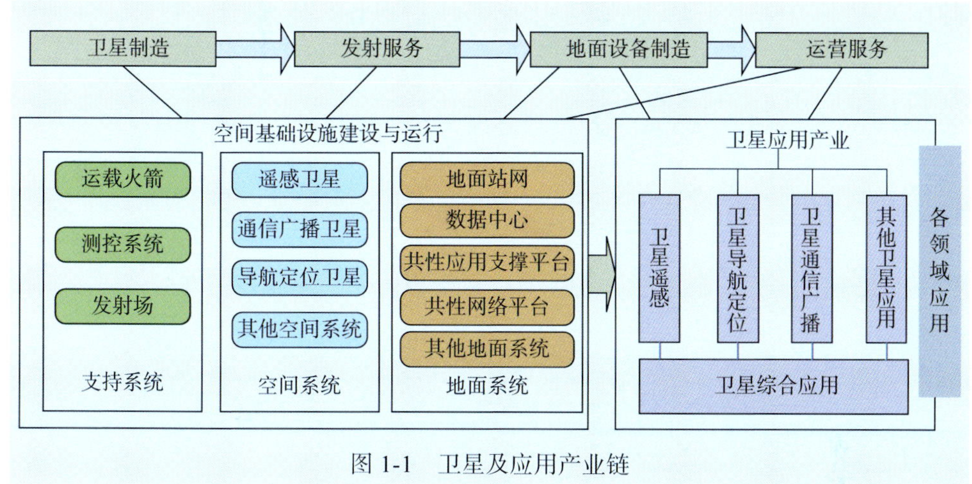

图 1-1　卫星及应用产业链

空间基础设施的组成如下：空间系统现阶段主要包括遥感、通信广播、导航定位等各类具备业务化服务能力的应用卫星，随着技术与应用的发展，未来阶段可包括能够提供长期稳定服务的其他空间系统如空间站等；地面系统主要包括地面站网、数据中心、共性应用支撑平台、共性网络平台以及其他地面系统等。运载、发射、测控等支持系统是支撑空间系统建设和运行的必要条件，也是空间基础设施的组成部分。

卫星应用则是基于空间基础设施，将卫星及其他开放的空间资源应用于国民经济、社会发展和科学研究等领域所形成的各类技术、产品与服务及其形成的产业的统称。卫星应用按领域划分，包括卫星通信广播、卫星导航定位、卫星遥感以及其他卫星应用等，各类卫星的综合应用也日益成为发展热点。

总之，基于战略性新兴产业的界定及上述阐述，现阶段航天战略性新兴产业是以卫星及应用产业为主体，以建立我国自主、安全可靠、长期连续稳定运行的空间基础设施及其信息应用服务体系为核心，以卫星通信广播、卫星导航定位、卫星遥感及综合应用的市场化推进为重点，由卫星制造、发射服务、地面设备制造、运营服务等完整产业链组成的高技术产业领域。此外，航天技术在信息、新材料、新能源、节能环保和生物医药等领域的转化应用也将促进战略性新兴产业的发展，成为相关领域战略性新兴产业的重要组成部分。

因此，本书的研究范畴如下：一是主要以我国空间基础设施和卫星通信广播、卫星导航定位和卫星遥感产业的发展为核心，提出中期航天战略性新兴产业的发展重点、培育路径和策略；二是提出面向长远需要突破的技术方向和发展重点；三是提出航天技术向其他领域转化应用可能的重点方向。

二、航天战略性新兴产业的定位

外太空是未来竞争的焦点，也是世界各国竞相抢占的战略制高点，空间资源利用及其产业的发展是一个国家综合国力的象征，对于满足空间信息服务需求、增强产业发展竞争力、支撑国家战略、保障资源与信息安全、促进空间事业可持续发展和国家科技进步等方面具有重要意义。以空间资源开发利用为核心的航天战略性新兴产业，在我国国家安全和经济社会发展中发挥着不可替代的作用。

（一）空间基础设施是保障国家安全、支撑经济社会发展的现代化基础条件

空间基础设施是信息化时代国家基础设施在空间的必要延伸，具有高度的战略性、基础性和广泛的带动性[3]。空间信息和空间资源是人类认识地球、保护地球、支撑人类社会可持续发展的战略资源，以空间系统为核心的空间基础设施作为一种重要的信息获取、传输与分发系统，具有其他信息系统无可比拟的空间位置高，覆盖面积大，不受时间、地理环境和国界限制等优点，使得现代社会信息获取、信息传输、导航定位、授时方式能够突破地域、环境等的限制，在国家信息化建设和国家信息安全保障中起到了不可替代的作用，成为保障经济和产业安全、保护与合理利用地球资源和环境、防灾减灾、提供公共服务、消除数字鸿沟、弥补地区差距、促进民生改善的重要手段，并以更方便、更快捷、更灵活的优势，广泛融入到国家发展建设和人们生产生活的各领域、各环节。空间基础设施是信息化时代不可或缺的战略性信息基础设施。

（二）卫星应用是促进经济社会转型升级、提升国家信息化水平的重要产业

由空间基础设施建设带动的卫星应用是促进国家信息化、带动国家经济社会发展的重要组成部分。卫星通信覆盖面大、通信距离远、一点对多点、通信成本与距离无关，具有任意通达的能力，是完善通信保障体系、提供普遍信息服务和提升应对突发事件能力的关键；卫星导航提供区域或全球、全天时、全天候的时空基准服务，是国家时空服务体系的核心要素和共用基础；卫星遥感获取的广域、全天时、全天候空间信息，是众多产业安全保障和价值提升的重要手段。空间信息获取、传输、处理与应用能力日益成为推动社会经济发展的引擎[4]。随着卫星及应用技术的发展，卫星应用产业收入持续增长。根据美国

卫星工业协会（Satellite Industry Association，SIA）的统计，2003 ～ 2013 年的十年间卫星应用产业年均增速达 11%，卫星应用产业在卫星产业中所占份额从 2003 年的 83% 增长至 2013 年的 89%[5]。卫星制造及发射服务收入与卫星应用收入的比例接近 1 ∶ 9，凸显了空间基础设施的基础性和广泛带动性特点。

（三）航天战略性新兴产业发展是提高自主创新能力、带动国家科技进步的重要驱动力

航天技术代表着当代科学技术发展的前沿，通过空间基础设施建设和应用，突破卫星平台、载荷和应用等方面的核心关键技术，将不断提升我国航天技术的整体水平，有效促进地面应用技术、应用模式创新发展；空间信息应用和服务，与地面信息网络、移动通信、导航、物联网、大数据、新兴信息内容服务及智能信息服务等融合，将大力推动新一代信息技术发展，并促进应用产业向高附加值新兴产业发展；航天装备制造、信息处理和导航定位等技术与信息、新材料、新能源、生物等战略性新兴产业领域技术具有共通性，航天技术的发展不断对上述领域提出创新需求，同时又输出和转化新的技术成果，可对这些领域的技术进步和产业发展形成牵引和带动作用，航天技术自主创新及其辐射带动作用是建设创新型国家的重要力量。

总之，建立我国自主、先进、安全可靠、长期连续稳定运行的空间基础设施及其信息应用服务体系，同时大力推进卫星应用产业发展，并积极促进航天技术转化应用，是助推我国战略性新兴产业发展、支撑国家战略目标实现的重要任务。

第二章

世界航天技术与产业发展进程及趋势

航天技术是探索、开发和利用太空的综合性工程技术，是20世纪人类在认识自然和改造自然过程中发展最迅速、最活跃的科学技术领域之一，航天技术的发展使人类的活动领域从地球扩展到宇宙空间。与此同时，航天技术又是对人类社会生活影响最为深刻的领域之一，经过近六十年的发展，航天技术不但大大扩展了人类观测地球和宇宙的眼界，全面更新了人类观测地球和宇宙的视角和方式方法，而且广泛地带动了科学技术进步，基于太空的应用，尤其是卫星应用，航天技术已经渗透到国民经济和社会经济活动的各个领域，正在孕育一系列新兴的产业，成为21世纪人类应对全球性问题、发展新兴产业、保障可持续发展的不可或缺的手段。

一、世界卫星及应用发展进程与规律分析

从1957年第一颗人造地球卫星发射成功至今，卫星及应用技术本身始终处在快速发展之中，卫星平台能力和发射能力逐年提高，载荷的核心技术指标几乎每十年提高一个数量级，同时，各类应用卫星提供的数据与服务的规模和效益快速增长，应用日益广泛。航天技术和产业发展过程中呈现出一般产业发

展的共同点，同时也具有一些独特之处。从总体上看，技术推动和需求拉动相互促进，不断创造新产品和新应用，随着技术成熟和不断更新换代，应用卫星从系统验证、试验应用逐步走向业务化运行和商业化应用。世界卫星及应用发展的主要进程如下[3]。

（一）20世纪60年代中期，卫星通信率先进入实用阶段

1965年，第一代国际通信卫星（INTELSAT-Ⅰ）发射，开启了国际通信业务，标志着卫星通信进入了实用阶段。随着卫星通信技术不断提升，各类通信卫星系统相继发展，实用性和应用效能不断增强，卫星通信从固定通信、移动通信逐渐向多系统融合、宽带多媒体通信发展，并率先走向商业化，成为卫星应用产业的重要支柱。20世纪70年代，卫星通信地球站开始采用较小口径天线，向小型化迈进；1976年，国际海事卫星开始为海运船只提供移动通信业务。20世纪80年代，甚小口径终端（very small aperture terminal，VSAT）卫星通信系统出现，为大量专业卫星通信网的发展创造了条件，通信卫星系统进入全面运行服务的新阶段。20世纪90年代，中、低轨道移动卫星通信出现，卫星通信开始与固定和地面通信网络相结合，手持终端得以广泛应用。

（二）20世纪70年代，气象卫星系统进入业务运行

20世纪70年代，随着遥感卫星技术的发展，第一颗陆地资源卫星（ERTS-1）和第一颗海洋卫星（SEASAT-1）相继发射，遥感观测领域不断拓展，而60年代初开始研发的气象卫星则发展到第二代（ITOS/NOAA），并率先进入业务运行阶段。气象与海洋卫星系统逐步发展成为面向全球无偿提供基础气象、海洋观测数据与服务的公共设施，气象与海洋卫星，通过大区域及全球的卫星云图和大气、海洋环境要素的大尺度动态观测数据，支持天气预报特别是灾害性天气的预报，并通过天地一体的信息融合和区域气象、海洋业务模型研究，全面提升了人类防灾减灾、应急救援和气象、海洋信息应用的能力，已经成为各国大气与海洋观测不可缺少的现代化基础设施。

（三）20世纪80年代，陆地遥感卫星开始业务化运行

20世纪80年代，美国陆地遥感卫星Landsat系列首先开始向全球提供稳定的中分辨率（空间分辨率在2.5～100米范围内）光学遥感卫星数据服务。从第一代卫星开始，Landsat系列保持持续发展，迄今已经发展到了第四代。Landsat系列20世纪70年代开始研究试验，发射了第一代卫星（Landsat1、Landsat2、Landsat3）；80年代，研制发射了第二代卫星（Landsat4、

Landsat5），开始进入业务运行阶段；90 年代研发的第三代卫星（Landsat6、Landsat7，其中 Landsat6 发射失败）在继续开展业务化运行的同时，加入高分辨率载荷，进行了商业化服务探索；进入 21 世纪，面对国际市场的激烈竞争，为保持其全球观测的领先地位，Landsat 系列开始了第四代卫星的研发，2013 年 2 月发射 Landsat8，并回归了以政府为主的运行模式。Landsat 系列的地面接收处理系统覆盖全球，三十多年来连续向全球用户提供标准化、系列化的中分辨率光学遥感数据产品与服务，成为提供时间系列最长的中分辨率全色和多光谱数据（30 米）、热红外数据（100 米）与服务的遥感空间基础设施。

（四）20 世纪 90 年代，卫星导航实用化，应用卫星进入技术全面更新换代和快速发展时期，卫星应用趋于商业化

20 世纪 90 年代，一系列新型通信和遥感应用卫星工程，以及美国全球定位系统（Global Positioning System，GPS）先后投入运行服务，应用卫星和卫星应用迅速发展。

通信卫星、遥感卫星相继走向商业化，商业卫星迅速发展成为应用卫星系统的重要组成部分，形成了卫星及其应用服务多元投资的局面。尤其是通信卫星，在经济全球化和信息化需求带动下，各国商业化通信卫星快速发展，成为当时应用卫星制造的主体，并成为地面通信基础设施的重要补充。同时，为解决遥感卫星应用效益问题，这一时期美国和欧洲相继发布了遥感卫星商业化制造和运行的法令与政策，法国 SPOT 卫星系列、加拿大 RadarSat 卫星系列、美国 Ikonos 和 Quickbird 高分辨率商业遥感卫星系列陆续进入全球遥感卫星数据与服务领域，并迅速占领遥感卫星应用市场，推动了以高分辨率卫星应用为主导的遥感服务产业的形成。

GPS 首先向全球民用领域开放导航、定位、授时的服务，带动了这一领域应用和相关产业的迅猛发展，GPS 成为这一时期垄断全球卫星导航定位和授时服务的空间基础设施。

（五）21 世纪初，应用卫星系统的建设和发展进入应用主导、天地一体化建设、全球综合观测和产业化发展阶段

进入 21 世纪，全球通信、导航、遥感卫星基础设施建设呈现多系统独立建设和协同运行并举的局面。在应用卫星系统建设方面，越来越多的国家强化建设独立自主的空间基础设施；同时，面对全球变化和日益严峻的人口、资源、环境形势，航天各领域的国际合作都在不断加强，多系统协同运行成为合理利用空间资源的主流方向，航天活动迈向地球系统观时代，通信、导航、遥感卫

星系统的融合应用，以及卫星与地面业务信息的天地一体化融合应用，成为信息技术新的增长点。民用卫星及其应用技术更新进一步加速。

多波束宽带通信卫星的出现，使得通信卫星向高带宽、高速率和综合性方向发展。全球卫星导航系统进入多系统并存以及与其他信息系统间融合应用的新时期，美国、俄罗斯、中国、欧洲四大全球卫星导航系统以及印度、日本两大区域导航系统同步建设和运行的基本格局正在形成，GPS 的全球垄断地位即将改变。2000 ～ 2011 年，具有遥感卫星运行系统的国家和地区从 6 个增加到 15 个，规划在未来 5 年拥有独立遥感卫星系统的国家达到了 46 个。俄罗斯、中国、巴西、印度、德国、日本、意大利等的遥感卫星陆续进入了全球遥感卫星数据服务市场。

随着应用卫星数量和规模的快速增长，民用卫星的效益成为投资者关注的焦点。一方面，商业卫星正在成为高分辨率遥感卫星数据服务的主体，2006 ～ 2011 年发射的 33 颗陆地遥感卫星中，商业卫星约占三分之二（21 颗）。另一方面，由于如何面向公众和终端用户提供公共服务成为应用卫星系统是否发挥应用效益的关键环节，地面数据中心和综合应用服务系统的地位进一步提升，地面系统建设特别是应用卫星数据与服务标准化应用产品研发得到了高度重视，成为应用卫星系统建设的重点。

与此同时，一些商业公司开始探索航天运载工具的商业化研制和运营。2012 年 5 月 22 日，美国空间探索技术公司（SpaceX）牵头研制的全球第一个可重复使用的商业飞船“天龙号”发射成功，其开始替代航天飞机承担向国际空间站运输货物的业务，开辟了私人企业进入美国太空飞行的新阶段。2014 年 1 月 9 日，美国轨道科学公司成功发射“天鹅号”飞船，成为美国第二个正式为国际空间站运送物资的私营企业。但是，商业运载的发展仍需要经历考验。2014 年 10 月 28 日，“天鹅号”飞船在点火后不久爆炸，带来了重大财产损失和运载工具损失。2014 年 10 月 31 日，英国维珍银河公司研制的载人商业飞船“太空船 2 号”在美国西南部莫哈韦沙漠测试飞行时坠毁，造成一名飞行员死亡，一名飞行员重伤。提高商业运载工具的可靠性、降低风险，是航天商业运载发展的关键。

（六）未来 15 年，外太空利用将发生重大变革，卫星系统将开始新一轮升级换代，系统间加速融合将引领新兴空间信息产业发展

面向未来保障地球系统环境安全、发展战略性新兴空间信息产业、探索地球系统与宇宙演化等更高的要求，将引发卫星系统新一轮升级换代热潮。应用卫星的空间观测与探测已迈入了“天网”时代，卫星星座、编队飞行、组合观

测将向智能化方向发展；卫星通信与地面通信系统将融为一体；导航定位向实时、精准、高可靠方向发展，多模终端、区域增强与室内外一体化定位等新的综合应用发展潜力巨大；高分辨率对地观测将继续应用与产业化发展的方向；应对全球气候变化、促进科技支撑经济社会发展、智慧地球应用等将是地球观测与导航技术发展的重要应用驱动力，以空间信息服务为核心的地球观测与导航技术将成为经济发展的新增长点。

与此同时，随着航天技术、微电子技术、微制造技术及新材料新工艺的飞速发展，小卫星、微小卫星成为未来航天发展的重要趋势之一，将对航天发展产生重要影响。科技水平与工业基础能力的不断提升，使得进入航天领域的“门槛”相对降低，吸引了更多国家加入世界航天俱乐部，全球航天领域开放发展、多元化发展、商业化发展趋势日益明显。同时，除传统的航天企业之外，越来越多的大学、科研机构、商业公司甚至个人开始进入航天研发和产业领域，“个人体验卫星”等新概念将逐渐显现。总体上看，长寿命、高性能、高可靠的空间系统仍将长期保持空间系统发展的战略主导地位，但短周期、低风险、高效益的商业化航天将成为日益重要的第二战线。

专栏一

现代小卫星技术发展及其影响 [6]

现代小卫星（500 千克以下）是当前空间技术创新最为活跃的领域之一。进入 21 世纪，微电子、微机电和微光机电系统、新材料、先进制造、纳米技术等高新技术群体的突破对卫星技术发展产生了深刻影响。高智能化、快速制造和发射、专项功能强的小卫星不断问世，在对地观测、通信领域已形成业务运行能力，在空间探测、新技术实验和在轨验证等方面也得到广泛应用。小卫星发射数量持续增长，2012 年和 2013 全球分别发射小卫星 49 颗和 138 颗，分别占当年发射卫星总数量的 35% 和 64%。

小卫星的快速发展对全球航天活动产生了深刻影响。2014 年 3 月 12 日，美国新闻记者扎克·罗森伯格在“外交政策”网站发表《即将到来的轨道革命》[7]，指出近年快速发展的现代小卫星技术和低成本进入空间技术正在掀起一场“轨道革命”，对全球航天发展将产生“革命性”影响。尽管该报道不是出自专业研究机构的评估结果，但却敏锐地捕捉到航天领域正在悄然兴起的一场变革。现代小卫星技术产生的影响主要体现在：变革卫星设计思想和制造模式，极大地扩展卫星功能，推动全球卫星活动及发展模式创新等方面。现代小卫星设计更加灵活，其制造向“即插即用”模式发展，近年来分离模块卫星、立方体卫星、母子卫星、芯片卫星等新概念、新方案和新技术层出不穷。例如，康奈尔大学的“精灵”（Sprite）卫星在邮票大小的印刷电路板上集成了太阳能电池和通信发射机，用于对地通信试验（图 2-1）；美国商业公司正在建设由 24 颗 100 千克级的“天空卫星”构成的星座，可提供 0.9 米分辨率的图像和 1.1 米分辨率的视频，具备 8 小时全球数据更新的能力；美国拟于 2015 年首次试验的“凤凰”计划将通过空间机器人和“细胞星”验证重新利用失效卫星天线的技术。

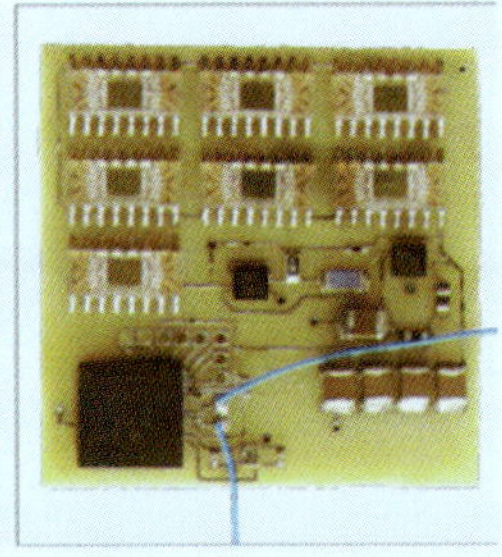

图 2-1　2011 年 Sprite 卫星样机在“奋进号”航天飞机上进行空间暴露试验

现代小卫星研发门槛和制造成本更低，吸引了大批大学、中小企业和研究机构甚至个人参与其中。2013 年，秘鲁、厄瓜多尔、奥地利借助纳卫星实现了卫星项目零的突破，美国发射了首颗高中生研制的立方体卫星。我国一些大学、科研机构也开展了小卫星研制。同时，一些互联网公司如 Google、百度、腾讯及其他商业公司正在积极策划发展小卫星系统，以借此抢占数据提供和数据服务市场。

二、世界卫星及应用产业发展现状与趋势

在全球信息化的时代，基于空间系统的信息获取、信息传输和导航定位等手段，成为了世界信息大系统的不可替代的组成部分。加快空间基础设施建设已成为美国、俄罗斯、欧洲、日本等国家和地区抢占未来经济科技制高点，夺取全球竞争优势的重要战略决策。注重大系统的顶层设计，以应用为导向，军民商结合、体系化发展各类航天器，建设空间基础设施，加速系统融合、共享和综合应用，以最大限度地发挥航天器的效能，这已成为世界各主要航天国家的重要共识。

（一）世界卫星及应用产业整体发展状况

1.在轨卫星资源与分布

全球在轨卫星数量不断增长，截至 2013 年 6 月 1 日，世界上实际在轨卫星共计 1 071 颗[①]。

按用途划分，民用（公益性）卫星和商用卫星占绝大比例，合计达到在轨卫星总数的 73%。如图 2-2 所示，其中商用卫星 411 颗，占 38%，民用（公益性）卫星 372 颗，占 35%，军用卫星 288 颗，占 27%。2013 年 6 月 1 日的在轨卫星总数（1 071 颗）与 2012 年 4 月 1 日的（在轨卫星 999 颗）相比增加 72 颗，增长 7%。其中，商用卫星增加 10 颗，增长 2%；民用（公益性）卫星增加 42 颗，增长 13%；军用卫星增加 20 颗，增长 7%（图 2-2）。

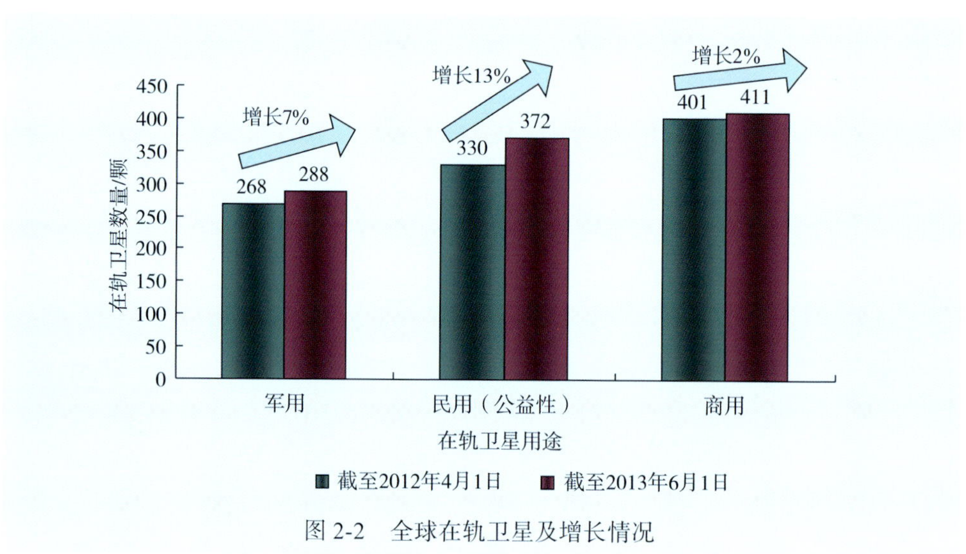

图 2-2　全球在轨卫星及增长情况

按功能划分，通信卫星 597 颗，占 56%；遥感卫星 228 颗，占 21%；导航卫星 95 颗，占 9%；空间科学与技术验证类卫星 151 颗，占 14%（图 2-3）。通信卫星高度商业化，在轨商用通信卫星高达 383 颗，占全球在轨卫星总量的 36%，占全球在轨通信卫星总量的 64%。遥感卫星以军用和民用（公益性）卫星为主，商用遥感卫星仅有 15 颗。导航卫星多为军用卫星并提供民用服务（按军用卫星统计），其中 1 颗民用卫星是日本的首颗准天顶卫星“指路号”，4 颗商用卫星是欧洲伽利略系统的在轨验证卫星。

① 数据来源：忧思科学家联盟（Union of Concerned Scientists，UCS），本节以下数据来源同此。

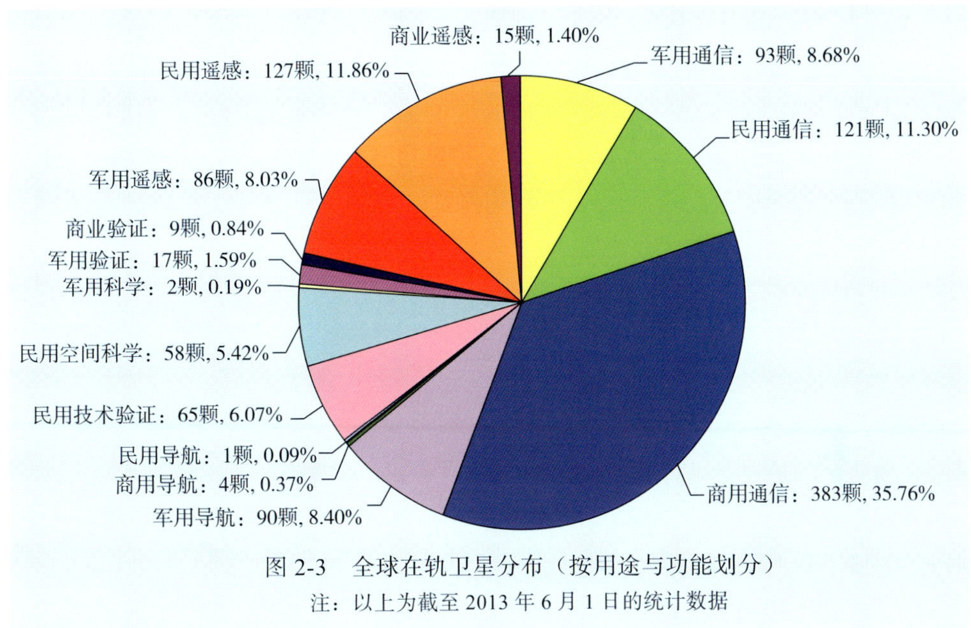

图 2-3　全球在轨卫星分布（按用途与功能划分）

注：以上为截至 2013 年 6 月 1 日的统计数据

世界上有近 50 个国家和地区拥有自己的卫星，但是形成了以美国为首，欧洲、俄罗斯、中国为第二梯队，日本、印度急起直追的地区分布格局（图 2-4）。其中，美国是世界上拥有卫星最多的国家，拥有 459 颗卫星，占全球在轨总量的 43%；欧洲（含各国）、俄罗斯、中国、日本、印度分别拥有 177、110、105、44 和 29 颗，分别占全球在轨卫星的 17%、10.2%、9.8%、4% 和 3%。

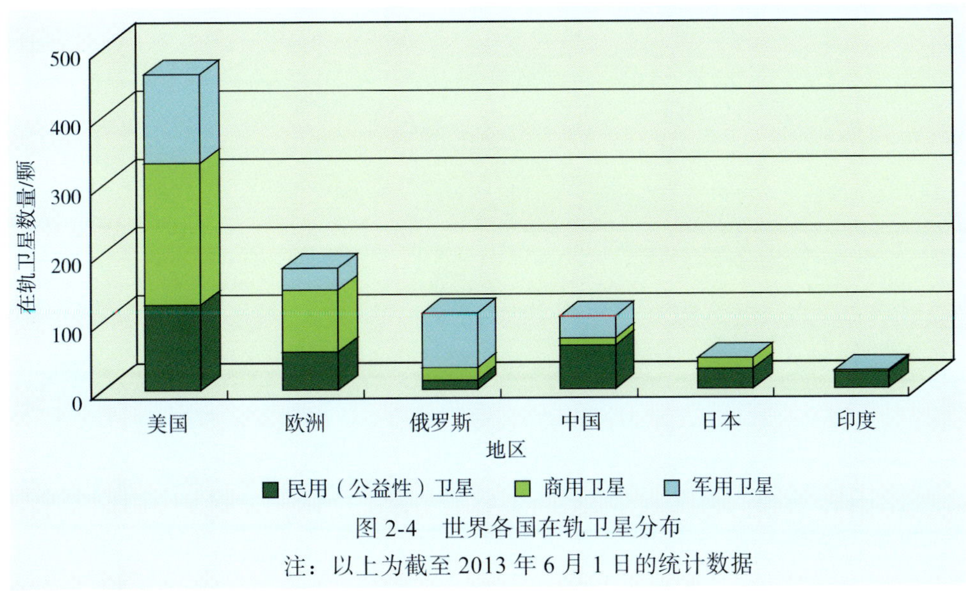

图 2-4　世界各国在轨卫星分布

注：以上为截至 2013 年 6 月 1 日的统计数据

2.卫星产业规模与结构

根据SIA公布的全球卫星产业年收入统计数据（表2-1），2013年全球卫星产业收入为1 952亿美元，其中卫星应用产业收入1 741亿美元，在卫星产业收入中占比达到89%。2003～2013年，卫星应用产业收入持续增长，年均增速达11%，受金融危机影响，2009年之后增速趋缓。全球卫星及应用产业收入增长趋势如图2-5所示。

表2-1 2003~2013年全球卫星产业、卫星应用产业规模（单位：亿美元）

年份	卫星产业总收入	卫星应用产业			
		总收入	占卫星产业比例/%	卫星服务业	地面设备制造
2003	743	613	83	398	215
2004	827	697	84	469	228
2005	888	780	88	528	252
2006	1 055	908	86	620	288
2007	1 217	1 069	88	726	343
2008	1 444	1 300	90	840	460
2009	1 609	1 429	89	930	499
2010	1 681	1 529	91	1 013	516
2011	1 773	1 607	91	1 078	529
2012	1 888	1 684	89	1 135	549
2013	1 952	1 741	89	1 186	555

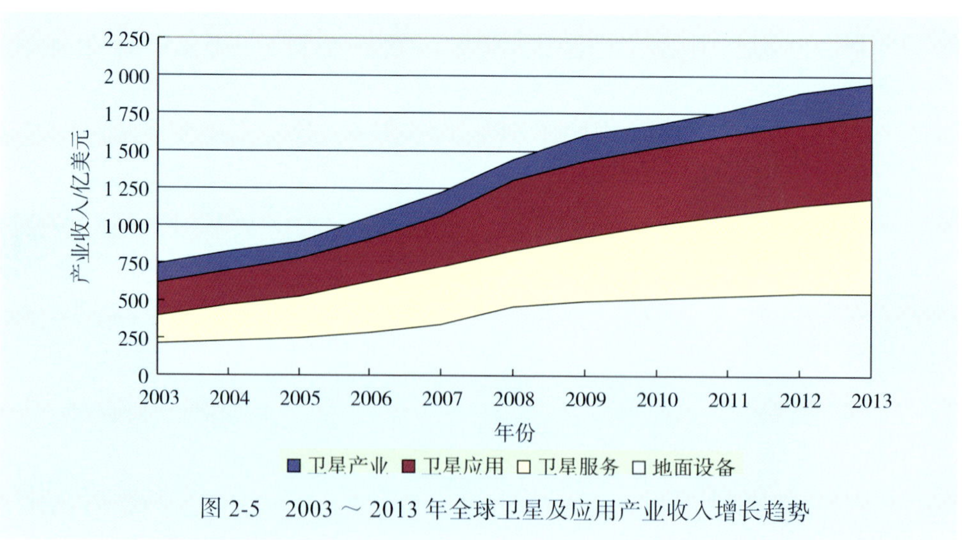

图2-5 2003～2013年全球卫星及应用产业收入增长趋势

2003～2013年，卫星制造、发射、地面设备和运营服务各环节在卫星产业中的份额变化如图 2-6 所示。

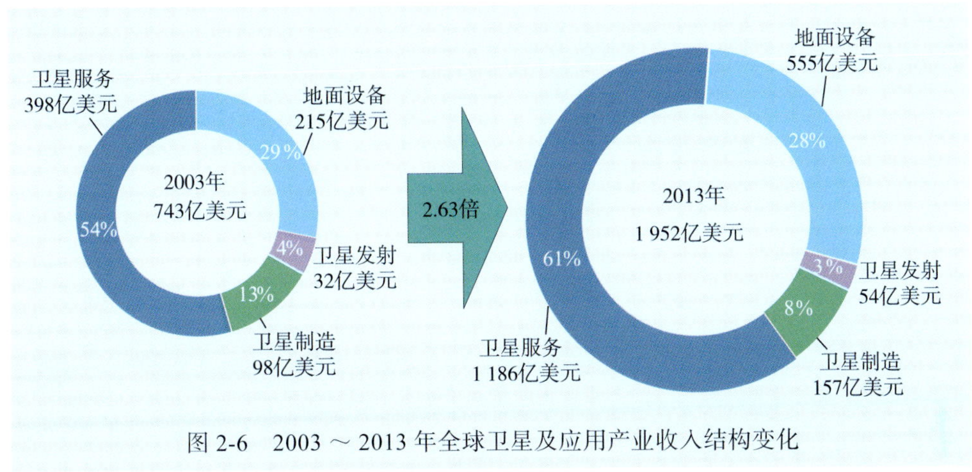

图 2-6　2003 ～ 2013 年全球卫星及应用产业收入结构变化

2013 年，卫星服务业产值达 1 186 亿美元，占卫星产业总产值的 61%，巩固了其在卫星产业的主导地位；地面设备业产值为 555 亿美元，在卫星产业总产值中占 28%，其中卫星电视与宽带、移动卫星和 GPS 设备等消费类产品推动了设备销售收入的增长。

专栏二

世界卫星应用产业收入统计分类比较

国际上关于卫星产业总体收入的统计，有两大权威来源；一是 SIA 发布的《卫星产业年度报告》；二是美国航天基金会发布的年度《航天报告》。前者的研究主要基于可公开获得的各种资料，包括政府和公司报告、国会记录以及由各行业协会和私营研究公司提供的数据等；后者以调研业内 80 多家公司得到的数据为基础，以相关协会、组织和公司的行业市场分析和财务报告为补充，得出产业收入和统计结果。以上两种口径的统计数据在分类和数值上有一定的差别。

根据《2014 年卫星产业年度报告》，2013 年全球卫星应用产业收入为 1 741 亿美元。其中，卫星通信收入为 1 416 亿美元，占卫星应用总收入的 81%；卫星导航收入为 310 亿美元，占卫星应用总收入的 18%；卫星遥感收入为 15 亿美元，约占卫星应用总收入的 1%。

根据《2014 年航天报告》[8]，2013 年全球卫星应用产业收入为 2 321.9 亿美元。其中，卫星通信收入为 1 438.1 亿美元，占卫星应用总收入的 62%；卫星导航收入为 860.8 亿美元，占卫星应用总收入的 37%；卫星遥感收入为 23 亿美元，约占卫星应用总收入的 1%（图 2-7）。

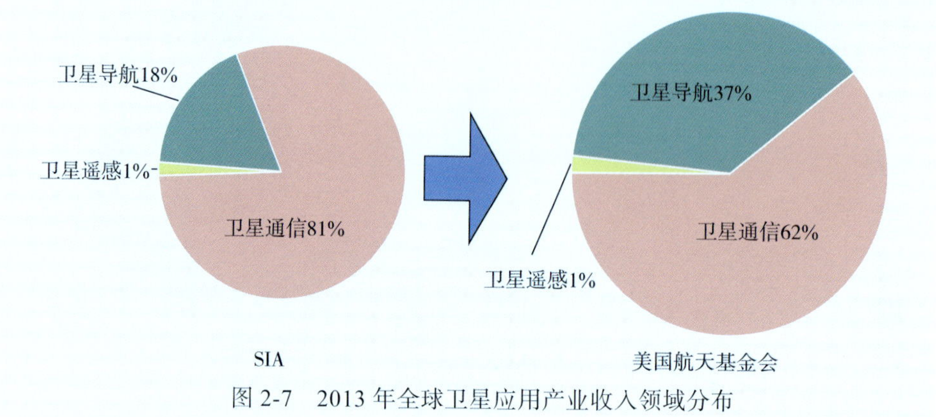

图 2-7　2013 年全球卫星应用产业收入领域分布

比较而言，卫星通信方面两者产值相差不多，包括直播到户（direct-to-home，DTH）电视、固定卫星业务、移动卫星业务等运营服务类和相应的通信接收设备（卫星电视接收天线、VSAT 等）。卫星遥感主要包括数据销售和增值服务，美国航天基金会的《2014 年航天报告》数据来源于北方天空研究公司，产值高出 SIA 的《2014 年卫星产业年度报告》8 亿美元，差异较大。两者最大的区别体现在卫星导航的收入统计。《卫星产业年度报告》只包括用于导航定位的独立硬件；《航天报告》的数据来源于欧洲全球导航卫星系统局（General Services Administration，GSA），除包括用于导航定位的独立硬件设备外，还包括基于位置的服务（location based service，LBS）的收入以及为农业、航空、海洋和测绘等提供解决方案和服务的收入。

（二）世界卫星及应用产业发展特点和趋势

1.通信广播卫星全球覆盖并高度商业化，各类业务系统趋于融合并向宽带多媒体方向发展，下一代移动卫星正在加紧部署

近年来，全球卫星通信收入保持了较快的稳定增长，这主要来自于 DTH 电视业务的贡献。高清频道、数字视频录像（digital video recorder，DVR）及视频点播等互动服务是 DTH 市场最大的需求驱动力，截至 2011 年年底，全球订购用户总数达 1.54 亿户。北美 DTH 服务商直播电视公司（DIRECTV）和碟网公司（DISH Network）是市场上最大的两家运营商，他们 2013 年的合并

收入占 DTH 电视总收入的 40%[①]。超高清电视（ultra-high definition television，U-HDTV）开始在 DTH 市场中加速发展，更大的传输需求促使 DTH 电视公司开始规划未来的波段需求，为 U-HDTV 的播放做准备。

专栏三

DTH 电视市场预测

根据《2014 年航天报告》，全球 DTH 订购用户数量在 2018 年将达到 2.51 亿户。印度有望成为 DTH 订购用户数量最多的国家，总数将达 5 650 万户，其次将是美国、巴西、俄罗斯、印度尼西亚和英国。美国在 DTH 市场收入方面仍将继续保持领先地位，虽然其 DTH 订购用户数量增长率正在下滑。订购用户数量增长速度最快的国家预计将会是巴西，到 2018 年巴西在该市场的收入将增加 35 亿美元。在非洲国家中，DTH 电视市场增长最快的将会是南非。

卫星通信业务包括固定卫星和移动卫星两类。由于技术发展，更多的数据可以经济实惠地通过高容量光缆传输，卫星通信业务对电话和电视信号的依赖降低了，而更多依赖数据传输，包括供海上船只使用、供偏远地区或人口稀少地区使用的宽带互联网等业务。由于运营商考虑到全球不断增长的宽带业务需求，固定卫星业务与移动卫星业务之间的界限变得更加模糊。国际通信卫星公司（Intelsat）等固定卫星业务运营商将更多的容量出售给航空、海洋等移动用户使用。国际移动卫星公司（Inmarsat）和铱星公司（Iridium）等移动卫星业务供应商计划利用各自未来的卫星星座开展多种固定卫星业务，包括在固定地面站之间进行数据传输。

卫星固定业务从面向节点的备份补充应用为主向个人与节点应用并重、固定业务与广播业务融合方面发展，面向个人的卫星宽带互联网服务成为新的行业增长点。固定通信卫星商业化程度高，国际通信卫星公司、欧洲卫星公司（SES）、欧洲通信卫星公司（Eutelsat）和电信卫星公司（Telesat）是固定卫星业务市场领域最主要的供应商，截至 2012 年，这四家公司的总收入和运营的在轨商业固定卫星业务通信卫星数量都已超过全球总量的一半，其用户数据均达数十万量级，其服务内容包括语音通信、高速互联网接入和电视广播等。休斯网络系统公司及卫讯公司在卫星宽带互联网市场中占据主导地位，所占市场份额高达 90%，为 140 万用户提供高速互联网接入服务。休斯网络系统公司计划在 2016 年发射 JUPITER 2/EchoStar XIX 卫星，届时 150 吉字节每秒的传输

① 数据来源：美国航天基金会《2014 年航天报告》。

能力将进一步推动宽带互联网服务在北美地区的增长。卫讯公司与波音公司在2013年5月签署了一份制造ViaSat-2卫星的合同，从而为卫讯公司卫星互联网服务提供支持。

在卫星移动业务方面，高、中低轨移动业务通信卫星并行发展，提供的业务从低速数据、话音为主，向高速数据、语音、视频等多种业务综合服务转变。近地轨道（low earth orbit）移动通信星座的典型代表为铱星（Iridium）、全球星（Globalstar）和轨道通信系统（ORBCOMM），可实现全球覆盖；地球静止轨道（geo-stationary earth orbit，GEO）移动通信系统的典型代表有国际海事通信卫星（Inmarsat）、亚洲蜂窝卫星（ACeS）、瑟拉亚卫星（Thuraya）等。全球卫星移动终端用户超过百万户，主要服务对象包括船只、飞机、汽车等移动用户以及地面移动通信网络覆盖率较低地区的个人用户。移动卫星服务商正在加紧推进下一代卫星星座的部署，用以接替正在步入寿命末期的卫星。国际移动卫星公司于2013年12月发射了首颗Inmarsat-5 GX卫星，已于2014年向美国政府用户提供服务，2015年2月1日发射了第二颗卫星，计划2015年中期发射第三颗卫星，使其Global Xpress系统完成全球覆盖，这个系统是该类型的首个高吞吐量全球卫星网络。同样，铱星公司也计划于2015年开始发射组建Iridium NEXT卫星星座，用于提供语音和数据服务。

从总体上看，高清电视直播、数字音视频广播、卫星互联网等多种业务需求的迅猛增长，带动了通信广播卫星的快速发展。多波束天线、宽带传输、大功率微波、星上处理交换等技术有效地提高了卫星有效载荷的技术水平。卫星通信广播频段向更高频段扩展，包括现在的Ka频段、未来的V频段和Q频段以及激光频段等，新的技术体制不断推出，提升了卫星通信广播的应用空间[9]。卫星广播业务、固定通信、移动通信正在向宽带多媒体方向发展，各种卫星通信广播系统的统一性不断增加，各种系统之间趋于融合。

2.导航定位卫星形成了美国、俄罗斯、中国、欧洲四大全球系统并存的基本格局，多系统集成融合发展成为大趋势

全球卫星导航系统（Global Navigation Satellite System，GNSS）进入以美国GPS、俄罗斯GLONASS、欧洲伽利略（Galileo）系统和中国北斗（Beidou）卫星导航系统四大系统为主、涵盖区域及增强卫星导航系统的多系统并存的时代[10]。美国、俄罗斯正在实施导航系统改进和升级换代，欧洲继续伽利略导航系统的建设，日本、印度正积极发展区域导航系统或导航增强系统，这五大导航服务提供商均具有自己的天基增强系统，如图2-8所示。

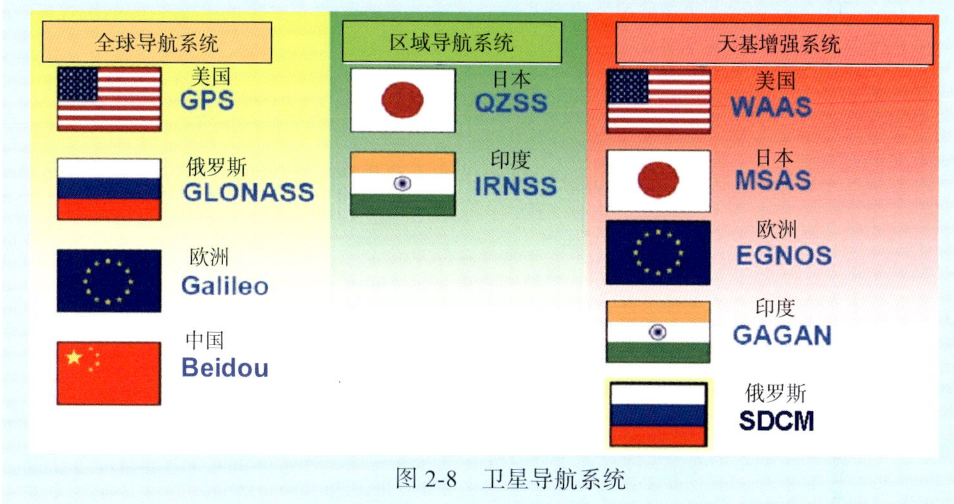

图 2-8 卫星导航系统

专栏四

国外的 GNSS

美国为确保其卫星导航的全球领先性，提出了天基定位、导航与授时（positioning，navigation & timing，PNT）系统战略，加紧实施 GPS 现代化计划，明确提出了达到卓越的导航战能力、民用 GNSS 的领军者和 GNSS 领域的标准制定者的目标。目前，GPS 正在抓紧建设实施用 12 颗 GPS ⅡF 卫星替代 20 世纪 90 年代发射升空的 GPS ⅡA 卫星。2014 年美国已相继发射了 4 颗 GPS ⅡF 卫星，目前 GPS ⅡF 已达到 8 颗 [11]。GPS 现代化的最终目标是在 2025 年之前建设完成高椭圆轨道（high earth orbit）和 GEO 相结合的 33 颗卫星的 GPS Ⅲ混合星座。与现有 GPS 相比，GPS Ⅲ的信号发射功率可提高 100 倍，定位精度提高到 0.2 ～ 0.5 米，这样可以使 GPS 制导武器的精度达到 1 米以内。届时，GPS 的 PNT 能力将得到进一步提高。

俄罗斯 GLONASS 可确保俄罗斯所有地区都能 100% 接收到导航信号，并覆盖全球 98% 的范围。2014 年 6 月 15 日，一颗 GLONASS-M 导航卫星成功进入预定轨道，目前该系统在轨运行的卫星已达 30 颗 [12]。

伽利略系统是欧洲计划建设的新一代民用 GNSS，由两个地面控制中心和 30 颗卫星（27 颗运行卫星和 3 颗备份卫星构成的星座）组成，计划在 2019 年完成全部卫星组网，有偿服务的定位精度可优于 1 米。目前已有 4 颗卫星在轨，该系统已于 2014 年 2 月完成在轨验证（in-orbit validation）任务。2014 年 8 月 23 日，首发的 2 颗完全运行能力（full operational capability，FOC）卫星未能成功入轨，导致原计划于 2014 年发射的其他 4 颗卫星推迟到 2015 年发射。

卫星导航产业是卫星应用产业中增长最快的产业，已形成较为完备的产业体系，基本形成了商用、大众消费和军用三大类用户，其中大众消费是卫星导航应用的主要市场。根据GSA发表的一份报告，预计GNSS市场到2019年预计将达到1 300亿美元。GNSS市场收入预测中的大部分来自汽车和LBS两个领域，这些市场占到了总收入的93.2%及全球设备发货量的99.9%。GSA预计，随着智能手机和一体化车载系统成为最普通的导航工具，传统的个人导航设备将逐渐消失。

专栏五

卫星导航增强系统

卫星导航增强系统是为了提升卫星导航系统的定位精度、可用性、完善性而建立起来的。除美国外，欧盟、日本、印度、加拿大和澳大利亚等国家和地区也都建立了自己的卫星导航增强系统。

美国广域差分增强系统（Wide Area Augmentation System，WAAS）的目标是为民航飞行及其着陆阶段飞行提供精确的导航信息。WAAS应该包含三部分内容：一是提供L波段测距信号，二是提供GPS差分改正数据，三是提供完好性[①]信息，以此改进单一GPS系统的导航精度、系统完好性和可用性。WAAS于2003年7月正式开始运行，由38个参考站、3个主控站、4个地面地球站、2个控制中心及2颗GEO卫星组成。WAAS主要向美国本土提供信号，并向北美和南美延伸。

欧洲地球静止轨道卫星导航覆盖服务（European Geo-stationary Navigation Overlay Service，EGNOS）系统2005年具备初始运行能力，2009年10月正式开始运行。EGNOS系统原理上和WAAS相同，其覆盖区域为整个欧洲，为欧洲无线电导航用户提供高精度的导航和定位服务。EGNOS系统包括3颗GEO卫星和1个地面站网络。

日本多功能卫星导航增强系统（Multi-Functional Satellite Augmentation System，MSAS）覆盖日本、澳大利亚等地区，是一种类似于美国WAAS的GPS外部增强系统，采用日本自行发射的地球静止轨道多功能传输卫星（Multi-Functional Transport Satellite，MASAT），主要目的是为日本飞行区的飞机提供全程通信和导航服务。

---

① 完好性，是指导航信号发生故障的概率。其具体描述为：系统提供的导航信号使得定位精度超标、不满足导航要求时由系统向用户提供及时报警的能力。一般用完好性风险、报警误差门限、报警时间三项指标表示。

印度的 GPS 辅助型静地轨道增强导航（GPS-Aided Geo Augmented Navigation，GAGAN）系统，由一个太空段和一个地面段组成。太空段是 GAST-4 卫星上的 GPS 双频（L1 与 L5）导航有效载荷，地面段由 8 个印度基站、1 个印度主控中心（Indian Mission Control Center，INMCC）、1 个印度陆地上行链路站（Indian Land Uplink System，INLUS）等组成。其目标是实现与美国 WAAS、欧洲伽利略系统和日本导航增强系统的完全兼容，信号覆盖区扩展到东南亚和亚太地区 [13]。

俄罗斯 GLONASS 天基增强系统——微分校正与监视系统（System of Differential Correction and Monitoring，SDCM），于 2007 年开始试运行。该系统由地基参考站网络和 2 颗 GEO 中继卫星组成，可覆盖俄罗斯联邦全境。

未来，全球卫星导航产业将迎来大变化、大转折和大发展时期，多系统并存和与其他信息系统间的相互渗透、集成、融合成为大趋势。全球导航系统呈现多系统兼容互用、可交换，全球、区域、本地多层次增强，定位、导航、测向、授时多模化应用，以及与各种非卫星导航手段的多手段集成四大特点。GNSS 及其产业在今后 10 ～ 20 年则将经历前所未有的四大转变：从单一的 GPS 时代转变为实质性的多星座并存兼容的 GNSS 新时代；从以卫星导航为应用主体转变为定位、导航、授时与移动通信和互联网等多信息载体融合的新时期；从应用产品为主逐步转变为运营服务为主的新局面；从室外导航转变为室内外无缝导航的新纪元，开创以卫星导航为基石的多手段融合、天地一体化、服务智能化的泛在普适服务新阶段 [14]。

3.遥感卫星系统建设注重全球观测、综合观测和系统集成，积极推进综合性大型观测计划和星座系统，高分辨率遥感成为商业化主流

遥感卫星在军用、民用（公益性）、商用三类用途的分工逐步明晰。军用遥感卫星更加追求甚高的空间分辨率、强大的侦察和应急反应能力。民用（公益性）卫星总量超过军用卫星，更加趋于发展综合地球观测系统，以气象、海洋、中分辨率陆地卫星和专用卫星为主。商用遥感卫星系统以高分辨率（空间分辨率小于 2.5 米）陆地卫星为主，如 GeoEye（WorldView）、TerraSar、CosmoSkyMed 等。

随着人类的认识及对地观测技术的发展，国际对地观测已经从单纯的资源观测、环境观测发展到对地球系统的整体观测，以全球性的整体观、系统观和多时空尺度来研究地球整体变化。美国和欧洲等国家和地区相继推出天地一体化的综合性大型对地观测计划，建设大小卫星平台相辅相成、天地结合的全球性、立体多维空间观测体系，并非常重视综合对地观测系统的顶层设计，建设以全球为观测对象的对地观测系统，统筹规划系统功能，系统配置卫星、航空、临近空间观测系统、地面站、地面应用系统及应用服务系统[3]。

专栏六

大型对地观测系统

美国航空航天局（National Aeronautics and Space Administration，NASA）于 1991 年建立地球观测系统（Earth Observing System，EOS），先后有日本、法国、德国、意大利、澳大利亚、巴西等多个国家参与，旨在通过对陆地、海洋、大气、冰雪层及生物之间的相互作用进行系统化观测，增进对全球变化的认识并对地球系统的变迁进行预测。2001 年，NASA 又提出了新一代对地观测计划，即地球科学事业（Earth Science Enterprise，ESE）战略计划，作为对 EOS 的提升与延续，将地球系统科学概念引入到该计划中，把对地观测技术与面临的科学问题紧密结合起来[15]。

2005 年，第三届地球观测部长峰会批准了“全球综合地球观测系统”（Global Earth Observation System of Systems，GEOSS）十年执行计划，决定正式成立地球观测组织（Group on Earth Observations），负责该计划的实施。其目的是通过更加广泛和有效的国际合作，建立全球天地一体化的地球观测系统，对于深入认识地球系统动态过程和资源环境问题，为人类与地区安全以及可持续发展提供信息与技术保障。GEOSS 将融合 87 个国家和 61 个组织的对地观测资源和卫星，一旦建成，将形成基于卫星的全球化的数据分发网络，使用户可以近实时地获取卫星和航空对地观测数据。地球观测组织是目前地球观测领域规模最大的国际组织[16]。

欧洲空间局（European Space Agency，ESA）正在建设全球环境与安全监测（Global Monitoring for Environment and Security，GMES）系统，以构建形成欧洲自主运行的地球观测能力，满足欧洲在环境、安全、应急及气候变化领域的需求。GMES 系统除拥有自己的雷达与光学卫星（哨兵系列），还统筹使用 ESA、欧洲气象组织、英国、法国、德国、意大利等的卫星资源，整个系统具有可见光和多光谱相机、超光谱成像仪、合成孔径雷达、雷达高度计等多种载荷，形成全球观测网络，持续监测陆地、大气、海洋以及天气、气候和环境变化[17]。

高分辨率的精细对地观测已成为遥感卫星的主流发展方向之一，遥感数据的空间分辨率、光谱分辨率、时间分辨率不断提高，优于米级的空间分辨率数据已成为卫星遥感数据的重要组成部分；光谱分辨率目前已发展到纳米级；卫星组网运行及多种类型传感器的应用使得短覆盖周期、全天时、全天候观测能力日趋增强。高分辨率商业遥感卫星成为实现国家空间控制力与战略利益、加强国际竞争力和占领国际市场的重大策略。美国已经颁布了0.25米分辨率的商用卫星许可证，2007年发射的WorldView-1卫星的空间分辨率最高已达0.45米，2008年发射的GeoEye-1卫星最高分辨率也达到0.41米，2014年发射的WorldView-3卫星可提供空间分辨率0.31米的遥感图像。

专栏七

WorldView-3——超高光谱高分辨率商业遥感卫星

2014年8月13日，隶属于数字全球公司（DigitalGlobe）的世界上第一颗多负载、超高光谱、高分辨率的商业卫星WorldView-3发射升空。WorldView-3在617千米的高度上运行，平均回访时间不到1天，每天能够采集多达68万平方千米的范围，每秒可以向地球发回1.2吉字节的数据。WorldView-3在轨测试完成后，已开始出售31厘米全色分辨率、1.24米多光谱分辨率和3.7米红外短波分辨率的卫星数据。人们可以直接通过观察出现在照片中的物体判断物体所在的位置。图2-9展示了WordView-3拍摄的华盛顿波音公司工厂图像。

图2-9 WordView-3拍摄的华盛顿波音公司工厂图像

资料来源：DigitalGlobal公司

据悉，在WorldView-3正常运行的6个月后，DigitalGlobe公司被批准可以出售更高精度的25厘米的影像，这其中包括提供给NASA、美国政府和其他国家和安全组织的图像。先前，DigitalGlobe 公司并不被允许向美国政府以外的客户出售最高分辨率的卫星图像。

WorldView-3 号卫星成为第一颗提供多种短波红外（shortwave-infrared，SWIR）波段的卫星，使得透过雾霾、烟尘以及其他空气颗粒进行精确的图像采集成为可能。该卫星也是唯一一颗具有 CAVIS（cloud，aerosol，water vapor，ice，snow）装置（即云、气溶胶、水汽、冰及雪等气象条件下的大气校正设备）的卫星，通过 CAVIS 装置可以对气象条件进行监测并以前所未有的精确性对数据进行校正[18]。

卫星遥感数据与移动互联网、物联网等新一代信息技术融合，基于空间信息的内容服务产业正在形成，引领遥感卫星及其应用技术与服务的创新发展。高分辨率图像可用于透视地球上人们生活的方方面面，随着大数据时代的到来，必将掀起一场大变革。在这场卫星图像应用的大变革中，美国实时高分卫星成像及全动感视频供应商 Skybox Imaging 公司走在前列，该公司创新的运行与服务模式主要包括三方面特点：一是研制发射超低成本的高分辨率卫星，研制和发射成本低于同性能卫星一个数量级；二是颠覆传统的数据服务模式，其数据服务定位成为为全球提供每日活动的数据流的平台，并首推高清视频服务；三是与互联网融合的服务提供模式，为用户提供基于网络的开放式云服务平台。正是由于第三方面的特点，该公司被互联网巨头 Google 收购，更为未来数据应用创造了无限可能的价值空间。Skybox Imaging 公司的发展对遥感行业及相关企业而言是一个至关重要的转折点，其发展模式证明现在能够及时、方便、优惠地传输高质量、高分辨率的图像，同时，正在开发的云服务数据平台将引领市场的新一代应用。未来十年人们对于太空拍摄高清图片的需求将有增无减，除了 Skybox Imaging 以外，也有其他不少初创企业计划在未来提供类似的服务，如总部位于加拿大温哥华的地球直播公司（UrtheCast）计划通过安装在国际空间站上的 2 个摄像头，为重大地球事件和重要地区实时播出卫星图像和视频，订阅用户甚至可以预设自己喜欢观看的位置。

专栏八

Skybox Imaging 公司的商业化发展模式

Skybox Imaging 公司成立于 2009 年，公司致力于研制和发射低成本、高分辨率、近实时观测的卫星星座。该星座由 12 ～ 24 颗成像小卫星（Skysat）组成，Skysat 的重要技术创新在于采用了非常规的综合卫星与成像系统设计，并采用便于快速更新的视频成像传感器，除支持全色 0.9 米、多光谱 2 米、幅宽 8 千米的高分辨率图像以外，还可提供 1.1 米分辨率、最长 90 秒、每秒 30 帧的高清视频。

2013 年 11 月 21 日，Skybox Imaging 公司成立的第五年，第一颗卫星 Skysat-1 搭载俄罗斯“第聂伯”火箭进入太空；同年 12 月底，该公司发布了世界上首个高分辨率高清地球视频，视频中东京、曼谷、巴尔的摩、拉斯维加斯和叙利亚阿勒颇清晰可辨。图 2-10 展示了 Skysat-1 拍摄的澳大利亚珀斯市图像，这些米级图像揭示了地面上的许多细节。2014 年 7 月 8 日，Skysat-2 号卫星发射升空。Skysat 系列卫星重 67 千克，造价在 500 万美元左右。其中，Skysat-1 卫星的所有电路板都基于商业现货部件，图像重构基于软件在地面完成，这主要是因为星上数据处理的成本较高，而在地面处理可以节约成本，并且可以减少卫星体积和重量，从而降低发射成本。

图 2-10　Skysat-1 拍摄的澳大利亚珀斯市图像
资料来源：Skybox Imaging 公司

卫星设计制造的创新使得Skybox Imaging公司实现了以低成本获取高清晰数据的目标，而服务模式创新是Skybox Imaging公司更为关注的方面。该公司致力于将高分辨率卫星星座与网络技术紧密结合，建立融合天基、航空等各类图像数据的开放式云服务平台，能够实现海量数据持续更新，提供网络化服务。用户无需建设地面站，只需要一部小型化“天空节点”（SkyNode）终端和2.4米直径的卫星天线，以及该公司设计的SkyNode软件套件，就能够向卫星下达任务、下载图像和处理图像产品。Skybox Imaging公司的云服务平台，就像一台苹果手机，开发者可以在此基础上，根据Skybox Imaging公司提供的卫星图像数据开发出新的商业和消费应用，如监视石油和燃气管道、开展金融交易等方面的应用。Skybox Imaging 公司希望在为许多不同的公司创造价值的同时，通过捕捉其中的一部分价值为自己创造收益。在这一价值链上，卫星设计和制造只不过是获取数据的方式，这也是为什么 Skybox Imaging 公司认为自己不是宇航公司，而是与 Google、推特等在数据大爆炸时代崛起的一批公司有着相同的“基因”的大数据公司。

2014 年 6 月，Google 宣布斥资 5 亿美元收购 Skybox Imaging 公司。收购后，Google 可利用卫星更新 Google 地图、在偏远地区推广互联网或将卫星数据与知识图谱整合。Google 本身就擅长利用海量数据开发营利业务，其有望探索全新的业务领域。

纵观各国的空间对地观测活动，预计在未来的 15 年人类将进入一个多层、立体、多角度、全方位、全天候和全天时对地观测的新时代。高、中、低分辨率互补的全球对地观测系统，以卫星星座形式实现多种成像系统的综合集成，将能快速、及时地提供多种空间分辨率、时间分辨率和光谱分辨率的对地观测海量数据。同时，高精度参数测量、多角度测量、偏振测量、激光测高和成像等新技术正逐步走向实用，目标探测将由二维向三维拓展。随着高分辨率遥感卫星性能以及遥感卫星综合应用能力不断提升，卫星遥感与新一代信息技术融合发展的趋势日益明显，卫星遥感的应用模式加速创新，卫星遥感产业将进入一个新时代。

4.地面系统向网络化、功能与数据集成融合、服务综合化和商业化方向发展

1）地面站建设网络化、全球化

为全面、短时间内获取卫星数据，需要建立能覆盖全球的地面站网络。目前具备技术和资金实力的国家都已纷纷建立起了自己的地面站网络，如 NASA 的近地网、ESA 的地面网、日本宇宙航空研究开发机构（Japan Aerospace Exloration Agency，JAXA）的地面站网络等。ESA 的对地观测卫星地面站网络由核心网、扩展网和协作网构成，其中核心网中的地面站由 ESA 自主建设并直接管理，扩展网和协作网地面站隶属于其他国家或国际空间机构，ESA 通过对这些分布于世界各地的地面站的合理调度，基本形成了卫星下行信号无盲区的接收能力[19]。

2）地面站任务多样化、功能集成化

随着计算机技术及电子通信技术的发展，通过集成数据处理和一定权限的任务控制功能，地面站可以完成的任务得到很大拓展，单任务地面站逐渐被多任务地面站取代，新型的地面站接收设备可在很短的时间内完成各种任务模式的切换，适应各种不同的对地观测任务，同时实现对地面系统重要设施在时间和空间上的备份。

3）数据服务向多源集成应用、统一管理、共享与综合服务方向发展

高度重视遥感信息资源的集成应用，强调遥感数据源的集成性，持续性和稳定性，建立对地观测综合信息集成服务系统已成趋势。统一建设遥感卫星的地面基础设施，通过共同的标准和协议连接分布式的网络数据仓库，推动空间数据规范化共享；建立业务化和产业化的遥感应用运行机构，为用户提供多种类型数据的综合分析和应用保障。

4）卫星数据的地面接收与分发向商业化发展

一些大型空间公司通过商业化的运作模式在全球建立地面站网络，为世界各国提供卫星测控和数据接收服务，瑞典空间公司（Swedish Space Corporation，SSC）和挪威康斯博格公司（Kongsberg Satellite Services，KSAT）为典型代表。当前领先的 DigitalGlobe 公司和 Astrium-GEO 公司通过建立全球营销网络和网上销售等方式，占据了全球高分遥感数据 65% 的市场。

5）完善的定标与真实性检验场促进遥感应用定量化方向发展

许多国家都建立了定标和检验场，不仅可以用于辐射定标，还可以用于航空、航天干涉合成孔径雷达（synthetic aperture radar，SAR）定标和检验。针对中高分辨率卫星检校，建设世界范围的检校场阵列。Quick Bird 卫星几乎每隔 10 纬度就设有两个检校场；SPOT 卫星目前有全球分布的 20 余个几何检校场，基本上间隔 1 ～ 2 天可完成一次在轨定标；IKONOS 卫星可保证间隔 3 天检校一次[20]。

（三）世界主要国家的卫星及其应用发展模式和特点

卫星及应用产业对于国家安全和经济建设具有极其重要的战略价值，同时又具有科技含量高、系统复杂、投入高、风险大等显著特征，必须充分发挥政府主导、需求牵引、市场推动的作用。美国、欧洲、俄罗斯等航天强国和地区，以及印度等新兴航天大国在发展卫星及应用产业方面的主要模式和特点包括以下几点。

一是充分发挥政府主导作用。美国、俄罗斯、欧洲等世界主要航天国家和地区均将空间基础设施视为与能源、交通、电力等同等重要的国家战略资源和基础设施，积极支持空间系统和地面设施的研制、建设、运行和应用。

二是注重统筹建设与共用共享。欧美国家十分注重大系统的顶层设计，强

化建设资金的统筹管理和集中使用，同时积极推进军民共建、设施共用、数据共享，充分发挥系统使用效益。

三是注重业务化运行和产业化应用。世界上的航天强国都十分重视空间信息资源的业务化和产业化应用，通过建立长期持续稳定运行的卫星系统、配套地面系统与数据服务系统，支撑各领域开展稳定的业务化应用；同时，随着卫星技术、系统建设水平的提高，适时颁布和调整相关政策，促进卫星应用由军事和政府部门应用为主向为经济和社会发展服务为主转变。目前，全球在轨运行卫星中主要应用于民用领域的卫星比例达到了 70% 以上，卫星产业发展水平不断提升。

四是逐步引入市场化机制。卫星及应用技术和产业具有军、民、商多重特性，随着军事、政府、社会和个人等各领域对卫星应用需求快速增加、应用范围不断拓展，空间基础设施建设和发展所需投入的资金越来越多，有限的军费和政府投资已远远不能满足各种应用需要。因此，世界主要航天国家高度重视商业卫星系统及卫星产业发展，逐步放开市场准入机制。自 20 世纪 90 年代，以法国 SPOT 遥感卫星计划引入商业机制为代表，法国政府通过减少卫星制造国家投资比例、放开高分辨率卫星数据限制、订购商业卫星数据等政策，逐步引导社会资金进入卫星及其应用产业。目前，欧美主要国家的军队和政府部门普遍依赖商业通信卫星、遥感卫星等来满足军事和政府公益性任务需求[21]。

专栏九

商业遥感卫星运作模式的特点

第一，空间段的发展主要由国家支持。美国的 DigitalGlobal 和地球之眼（GeoEye）两家公司（2012 年 7 月，前者收购了后者，成为全球最大的商业遥感卫星影像和服务提供商）主要通过销售遥感图像和私募股权筹集资金两种方式来研制发射卫星。在图像销售收入中，政府购买占主导地位，其他国家的商业遥感卫星完全是由政府投资[22]。

第二，商业遥感公司一般采用招投标方式选择卫星制造商承担卫星的研制发射，但各国优先选择本国的卫星制造商。另外，美国、欧洲都有严格的技术出口管制制度，卫星技术对中国而言属于禁运之列。

第三，卫星入轨之后的运营采用商业化模式，各公司根据用户需求，采用订单模式不断改善其数据服务，并大力发展为用户加工处理后的“增值产品”，以及归档的、可多次销售的现成品，积极利用全球可以获得的对地观测数据，实行扩大产品市场的战略[23]。目前在中国高分辨率遥感数据市场上，国外遥感数据占据市场主导地位，快鸟和 WorldView-1 两颗遥感卫星的数据，已经覆盖了中国 70% 的国土面积，国外高分辨率数据总体占有率超过 90%。

下面我们对美国、欧洲、俄罗斯、日本、印度等主要航天国家和地区的卫星及应用发展情况加以说明。其中，各国（地区）的在轨卫星数皆为截至2013年6月1日的统计数据①。

1.美国积极巩固与扩展航天领先地位，重视商用航天能力开发

2011年2月发布的《美国创新战略》将空间技术列为美国优先发展的五大领域之一，美国政府将大力推动空间能力与应用方面取得突破性进展，加强和完善空间基础设施建设。美国根据卫星特点、应用需求和部门分工，建立了比较完整的分类卫星投资、建设、管理和运行机制。

1）发展构架

当前，美国已建成世界上规模最大、种类最齐全、性能最先进且军民互补的空间基础设施，形成军、民、商协调发展的格局。截至2013年6月1日，美国拥有在轨卫星459颗，占全球在轨卫星总量的43%。

美国拥有全世界技术最先进的商业通信卫星系统，涵盖了GEO和中低轨道的卫星移动服务，以及规模庞大的卫星固定服务和卫星广播服务。美国的GPS是目前世界上唯一全面、稳定、先进的在轨运行系统，为6轨道24颗GPS Ⅱ卫星星座的布局和结构，并正在实施GPS现代化计划，以确保其全球领先性。在遥感卫星方面，美国控制着世界商业遥感卫星制造近70%的市场，其在轨的高分辨率商业成像卫星有6颗：Ikonos-2、Quickbird-2、WorldView-1、WorldView-2、WorldView-3和GeoEye-1，分辨率都优于1米，最高将达0.25米，目前可提供最高分辨率达0.31米的商业卫星图片。

2010年6月颁布的《美国国家空间政策》明确从导航、通信、遥感三个方面建立连续稳定的空间基础设施。目前，美国正在发展200余颗卫星组成的卫星通信基础设施；统筹政府各部门需求，建设由30多颗遥感卫星组成的地球观测系统；加快实施GPS现代化计划升级到由33颗星组成的新型GPS混合星座；并通过国家空间数据基础设施计划协调空间数据的使用、共享和分发。

2）运行管理

美国政府通过制定国家航天政策及规划性文件，建立航天发展的指导性框架，明确航天发展目标、发展路线、发展机制及各部门的职责等。在此基础上，美国政府积极支持航天工业能力与空间系统建设，促进民用航天、商业航天、空间探索等各领域的持续发展，以确保美国的长期领先地位。

（1）美国白宫是空间政策制定者和空间活动决策者，在空间政策和相关法规约束下，政府各部门之间建立了有效分工、资源共享、相互合作、协调协商

① 数据来源：UCS。

的机制。

科学实验类卫星系统由 NASA 负责建设；军用通信、军事侦察卫星系统由美国国防部和情报部门负责建设和运行；GPS 由美国国防部、运输部等军地有关部门共同组成的国家天基定位导航授时委员员会负责统筹管理；公益性对地观测业务卫星由美国地质调查局（U.S. Geological Survey，USGS）主要负责运营管理，美国国家海洋大气管理局（National Oceanic and Atmospheric Administration，NOAA）负责气象、海洋环境监测卫星业务。

（2）通过法律、法规规范空间基础设施的建设和应用，保证卫星应用高效发展。

美国国家航天政策是国家战略的重要体现，并根据国际国内形势的变化发展进行及时调整，迄今共发布了 7 个版本的《国家航天政策》。

美国早在美国卫星通信公司成立前的 1962 年就制定了《卫星通信法案》，1984 年制定了《陆地遥感商业化法案》，促进了商业遥感的发展，并分别于 1992 年、2003 年根据需要颁布了修订的陆地卫星法案。在卫星导航方面，2011 年美国正式立法，明确规定凡是制造、销售、使用 GPS 干扰仪的均列为违法行为，以保证 GPS 的稳定运行和应用。

专栏十

美国《国家航天政策》[24]

1978 年，卡特政府颁布了美国第一部《国家航天政策》，首次明确提出美国航天活动遵循的原则和航天政策的目标。1982 年和 1988 年，里根政府两次出台《国家航天政策》，两个文件都提出美国要在航天领域处于世界领先地位，其中 1988 年版《国家航天政策》首次分别从军、民、商领域对整个国家航天活动进行了指导。1989 年，老布什政府发布的《国家航天政策》提出尽快部署天基武器。1996 年，克林顿政府公布了冷战后美国首部《国家航天政策》，提出军事航天活动的目标是加强空间监视，提高美国全球军事行动的保障能力，以及监视军备控制条约和不扩散协议执行情况的能力。进入 21 世纪，为应对各国快速发展的航天事业的挑战，2006 年小布什政府公布《国家航天政策》，明确提出保持美国航天战略地位并反对制定旨在限制美国进入或利用空间的新的国际空间条约。因此，2006 年版美国《国家航天政策》具有强烈的单边主义和攻击性。2010 年，奥巴马政府发布的最新版《国家航天政策》，提出继续保持美国的太空领导地位，保护国家安全和国家利益，同时对 2006 年的部分国家航天政策进行了修正和调整。

（3）重视商用航天的发展，按照市场机制发展商业航天，并实现以民商养军。

美国通信卫星运营主要由 Intelsat 公司和泛美卫星公司（PanAmsat）两

大运营商负责。高分辨率民用卫星采取完全商业化的运行模式。Ikonos 卫星、Quickbird 卫星、WorldView 系列、GeoEye 系列等保障了美国在全球市场继续保持高分辨率商业卫星数据贸易龙头的地位。美国注重采用军商共存或军民两用发展模式，以适当补偿军用航天系统的投资，并减小仅部署军用航天系统的风险。美国国防部已经依靠商用卫星来满足大部分军队通信需求[25]。

专栏十一

美国商业遥感政策演变

美国卫星市场化、商业化过程虽然经历了曲折和反复，但美国一直高度重视商业卫星发展并取得较大成功。美国 1984 年颁布《陆地遥感商业化法案》力图促进陆地卫星商业化发展；1992 年针对陆地卫星商业化过程中出现的问题经过修正推出《陆地遥感政策法案》，美国政府收回了陆地卫星部分运营权并禁止气象卫星商业化；2003 年 4 月，美国总统小布什批准发布了《商业遥感政策》，促进了政府监管下的高分辨率民用商业卫星发展，如 Ikonos 卫星、Quickbird 卫星、WorldView 系列、GeoEye 系列，由 GeoEye、DigitalGlobe 等上市公司（前者于 2012 年被后者收购）进行商业运营，取得了巨大成功。

2014 年 6 月 12 日据美国航天新闻网站报道，DigitalGlobe 公司宣布获得美国政府批准，向所有用户出售其最高分辨率图像，该规则将对 DigitalGlobe 公司的现有卫星立即生效。这将使得该公司有利对抗无需应对分辨率限制的航空图像公司，同时推动美国在商业遥感这个重要战略产业的领先地位。

（4）通过长期规划、政策保障、管理改进和持续技术进步保证系统的先进性和运行效益。

以 GPS 为例，美国的 GPS 有四个方面的成功经验可资借鉴：一是实施长远战略规划，在 2005 年 GPS 投入完全运营的翌年，就开始 GPS 现代化计划，并在 2006 年开始策划 GPS 的 20 年长期演变计划。二是稳定透明的系统政策，明确开放和保护政策，免收直接用户费，向全世界所有厂商开发接口控制文件（interface control document）和民用信号结构，公开发布多种标准文件，承诺 GNSS 的兼容互操作，鼓励市场竞争，保护无线电导航频谱，推进全世界民用、商用、科学应用和服务产业的发展。三是不断改进的管理体制。在建设之初，为了解决军方兵种系统主管之争，专门成立了“GPS 计划联合办公室”；为解决国防部和运输部之间的军民用主管之争，在 1996 年成立了部际协调执行委员会；2004 年专门成立国家天基 PNT 执行委员会，进一步明确了各个部门和机构的权利与义务，并且将 GPS 明确为国家系统，该委员会直接归白宫管理，从而进一步理顺了政府部门间的关系，利于协调一致的开展工作。四是持续推动技术进步[26]。三十多年来，通过从 1996 年开始的 GPS 现代化计划的实施，GPS 三大组成部分（空间段、运控段、用户段）的技术进步均取得了令世人瞩目的成绩，确保系统能够提供长期持续稳定的运营服务。

专栏十二

GPS 的发展历程

从批准 GPS 方案到建立 GPS 系统再到 GPS 现代化计划，可以把 GPS 的发展历程分为六个阶段。受 2015 年财年预算限制，美国空军正计划放缓 GPS Ⅲ卫星计划开发进度。首颗 GPS Ⅲ卫星的交付将推迟到 2016 财年[27]。美国 GPS 的发展历程如图 2-11 所示。

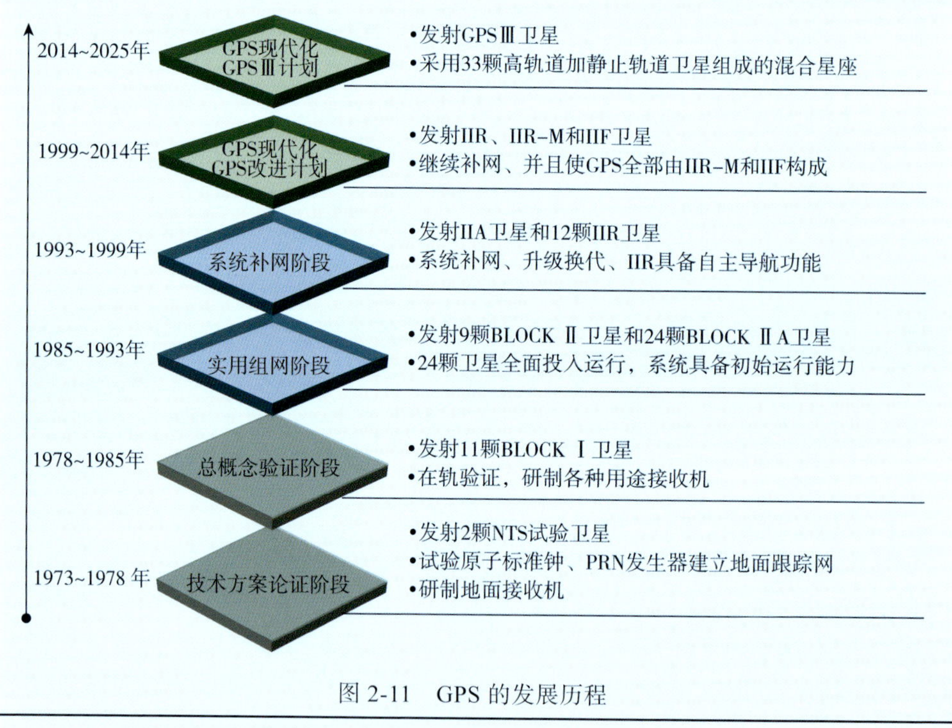

图 2-11 GPS 的发展历程

2.欧洲统筹建设独立自主、多国共享的空间基础设施，注重投资价值和效益，欧洲各国并发展独具特色的空间系统

欧洲各国为提升经济实力和维护政治利益，全力发展其独立的航天能力，

积极统筹建设多国共享的空间基础设施。2007 年 5 月，29 个欧洲国家通过并发布了《欧洲航天政策》，其目的是培育欧盟、ESA 及欧盟成员国之间的航天活动的协调机制，最大限度地发挥投资价值，避免重复研制，从而满足欧洲共同的需求。该政策同时要解决民用、军事航天计划和技术发展的协调问题。

1）发展构架

欧洲各国的卫星主要集中在英国、法国、德国和意大利。其中，英国拥有欧洲 72% 的通信卫星资源，而遥感卫星资源主要集中在法国、德国和意大利，导航卫星系统由 ESA 共建。

（1）ESA 航天战略核心计划。

根据欧盟 2007 年出台的《欧洲航天政策》和 2011 年发布的《关于制定欧洲航天政策的信息通告》，ESA 正在实施两大航天战略核心计划，集中建设由 40 多颗卫星组成的 GMES 系统，并积极发展由 30 颗卫星组成的独立自主的伽利略卫星导航定位系统[28]。

（2）欧洲各国发展独具特色的遥感卫星系统[29]。

法国以商业遥感卫星 SPOT 系列以及光学成像侦察卫星为主。法国的 SPOT-1 是世界上第一颗商业遥感卫星，SPOT 系列到目前为止已发展了 3 代，分辨率从 10 米提高到 5 米，目前正在发展第 4 代的 SPOT 卫星，分辨率将提高到 2 米。光学成像侦察卫星已经进展到第二代，建成了“太阳神 1”与“太阳神 2”两代光学侦察卫星系统，星载设备也从光学发展到具备红外侦察能力，“太阳神 2A”卫星分辨率可达 0.15 米左右。

德国通过星座组网实现全天时、全天候、高重返率全球观测。德国尽管进入遥感卫星领域相对较晚，但其已经迅速成为该领域的主要成员之一，管理运行着三个遥感卫星系统。一是 2008 年 7 月完成组网的“合成孔径雷达-放大镜”（SAR-Lupe）雷达成像侦察卫星星座，欧洲的成像侦察卫星从此可以全天时、全天候成像，并且拥有更高分辨率、更快的图像获取能力与分发能力。二是 2007 年 6 月和 2010 年 6 月相继发射的 TerraSAR 双星（TerraSAR-X 卫星和 TanDEM-X 卫星），利用 2 颗 X 频段（9.65 吉赫兹）SAR 卫星进行干涉成像，并在 3 年内获取全球高精度数字高程模型（digital elevation model，DEM）以及高分辨率图像。三是商用 RapidEye 微小卫星星座，可在 24 小时内按用户需求交付图像产品，5 颗卫星在一个轨道上均匀分布，每天都可以对地球上任一点成像，具备大范围覆盖、高重访率、高分辨率、多光谱获取数据方式等优点，空间分辨率为 5 米，星下点重访周期为一天，但如果在同一轨道下的附近区域，可实现 20 分钟的重访时间。

专栏十三

德国SAR卫星系统简介

SAR-Lupe卫星系统空间段由5颗X波段合成孔径雷达卫星组成，分布在3个轨道，可实现10小时内获取地球任意点图像，其总体任务是在10年的合同期内为德国国防军提供高分辨率雷达图像。SAR-Lupe卫星具有两种工作模式，即条带模式和聚束模式，可分别生成沿航迹方向的条带状图像（60千米×8千米）和对特定地区连续照射的聚束图像（5.5千米×5.5千米），前者分辨率为1米，后者分辨率可达0.5米。地面段采用了模块化接口设计，可以实现多国侦察网和卫星系统的相互利用。

TerraSAR是由德国教育和科学部、德国航空局和欧洲防务集团公司下的Astrium公司共同出资组成合资企业，其中前二者出资一半，后者出资另一半并承担卫星研制，拥有以商业形式分发图像的权力，分发过程通过一个辅助平台——Info-Terra完成。对于雷达成像任务，TerraSAR卫星具有三种工作模式，分别是扫描模式、条带模式和聚束模式，分辨率为1～16米。对于干涉测量任务，TerraSAR双星系统可采用两种编队飞行模式，即收发分置模式和单站模式（图2-12），其中，采用收发分置模式进行DEM测量是TerraSAR双星系统的主要目的。

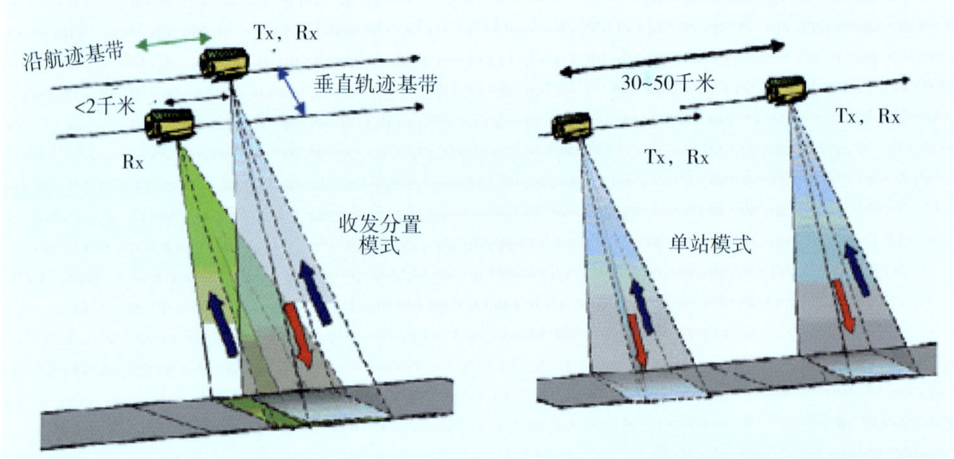

图2-12　TerraSAR双星系统的两种编队飞行模式

在这种模式下，其中一颗卫星发射信号而两颗卫星同时接收信号，而且这两颗卫星在航迹方向的距离小于2千米，从而确保多普勒光谱交叠以及雷达天线的地面轨迹相互重合，DEM水平精度可达12米，高程精度为2米。在单站模式下，这两颗卫星分别发射和接收信号，并保证航迹方向距离大于30千米以避免干扰[30]。

意大利打造军民两用雷达卫星。意大利首颗军民两用遥感卫星地中海盆地观测小卫星星座（COSMO-SkyMed）于 2011 年建设完成，具备快速重访和单航过迹 DEM 测量能力。COSMO-SkyMed 属于法国与意大利 2001 年联合启动的军民两用项目奥菲欧（ORFEO）的一部分。ORFEO 计划建造一个军民两用的光学和雷达对地成像系统。法国负责提供光学部分，研制昴宿星（Pléiades1、Pléiades2），意大利提供雷达部分，建造 4 颗 X 频段（9.6 吉赫兹）SAR 卫星。COSMO-SkyMed 使意大利具备了对目标地区 3 ～ 6 小时重访的侦察能力。

2）运行管理

欧盟空间基础设施包括 ESA 管理的和各国管理的两大部分。ESA 是欧盟国家空间事务的综合协调机构，其成员主要有法国国家空间研究中心、德国航空航天中心、意大利航天局、英国航天局等。欧盟空间基础设施项目的投资以政府投入为主，同时也注重调动民间投资的积极性，率先在伽利略导航定位系统中采用了公私合作的投融资模式。

通信卫星采用商业化管理运营模式。欧盟已经建立了比较完善的以企业为主体的商业运行机制。1997 年欧洲通信卫星组织成立，总部设在巴黎，主要宗旨是设计、发展建造、建立、操作和维持欧洲通信卫星系统的空间部分，其首要目标是为欧洲国际公共电信服务和欧洲各国国内公共电信服务提供所需的空间部分。1998 年，Eurosat 公司成立，总部设在英国，它是一个全球卫星、电视通信广播的经销商，它是英国首要的通信卫星开发商和提供商。2001 年，欧洲通信卫星组织的资产和行为发生转化，成立了 Eutelsat 公司，开始企业化运作。

遥感卫星主要采取各成员国共同参与、共同投资、共同收益的模式。GMES 系统以欧盟委员会和 ESA 作为管理和实施主体，法国、德国、意大利等国配合，统筹考虑参与各方的需求以及欧洲现有观测资源，在资源优化配置的基础上，确定解决方案、项目资金并开展统筹建设。ESA 于 2002 年启动了欧洲空间信息设施计划，统一建设遥感卫星的地面基础设施，通过共同的标准和协议连接分布式的网络数据仓库，大力推动空间数据规范化共享。地面站运行采用市场机制，鼓励企业与数据中心合作，开展多层次的增值服务，特别是国际合作，以促进卫星遥感数据的开发利用。此外，欧洲气象卫星应用组织（Eumetsat）主要负责气象卫星的运营和数据的管理，同时也是 GMES 系统气候变化服务的运营机构。

伽利略卫星导航系统由欧盟委员会牵头，各欧盟成员国共同参与出资，共同分享收益。同时，其他国家如中国、韩国也参与了一部分投资。ESA 主要负责系统管理，卫星的制造、发射与运营则交由企业负责。伽利略卫星导航系统可提供免费服务和有偿服务两种服务模式以及五种服务类型。这五种服务类型分别是公开导航业务、商业导航业务（加密、收费）、救生导航业务、公共管理导航业务（加密、政府用户）、搜救业务。

3.俄罗斯采用军民统一的航天管理机制，制定阶段鲜明的长远发展规划，加紧实施航天复苏计划

进入21世纪，俄罗斯面临来自两方面的挑战。一方面要对陈旧的空间基础设施进行淘汰；另一方面还要投资新型空间系统的发展。俄罗斯通过完善管理体制、增加航天投入，制定中长期发展战略推动空间基础设施更新换代和突破发展，以重塑在世界航天领域的领导地位。

1）发展构架

俄罗斯虽然是世界上第二大卫星保有量国家，但其总数不及美国的1/4，其中军用卫星为主体，占其全部在轨卫星总量的71%。

为建立数量和质量都能满足社会经济、科学、国防与国家安全领域的用户需求的空间基础设施，建立统一的信息场，保障俄罗斯航天处于世界先进水平，俄罗斯制定了《2030年及未来俄罗斯航天发展战略（草案）》，将2030年之前的航天发展战略分为恢复期（2015年之前）、巩固期（2015～2020年）、突破期（2020～2030年）三个阶段，其阶段目标如下。

2015年之前第一阶段的目标主要是推动在轨的大部分通信、遥感和导航卫星更新换代，构建通信卫星系统、GLONASS卫星导航系统、气象监测卫星系统以及环境监测卫星系统。

在卫星通信方面，到2015年俄罗斯将建成包括26颗卫星组成的固定卫星通信和电视广播系统，2颗卫星组成的多功能中继转发系统，以及12颗卫星组成的移动通信卫星系统[31]。

在卫星遥感方面，俄罗斯将研发和制造国家对地观测卫星系统，计划在未来2～4年内完成所有在轨卫星的更新换代，分三步走建设多星对地观测系统，将能够满足包括高分辨率、最短重访周期和最大载荷完备性要求的对地观测需求。到2015年俄罗斯国家对地观测卫星系统将包括："流星-M"（Meteor-M）系列极轨气象卫星和"电子-L"（Electro-L）系列静止轨道气象卫星组成的、较为完善的水文-气象监测卫星系统；"老人星"（Kanopus）系列灾害监测卫星系统；"资源-P"（Resurs-P）系列农业土地监测卫星系统。

2015～2020年第二阶段的发展目标是"巩固能力"，部署数量完整的、具有国际先进水平的在轨航天器等。

2020～2030年第三阶段的发展目标是"突破"，发展重点包括启动利用近太空、部署和维护在轨航天器，建立数量和质量都能满足俄罗斯国内和国际竞争需求的航天系统。

2030年之后的发展目标是"突破的发展"，发展重点包括切实地开发近太空和月球，建立起统一的国家信息空间，以及进入原理上全新的、尚未预见或当前未曾深入分析的领域，如太空电站、抛弃放射性废物、太空升降机、太空生产制造等。

在卫星导航方面，到2015年俄罗斯将发射改良的GLONASS-KM卫星。未来GLONASS系统将由30颗卫星组成，其中部分为备用卫星。

2）运行管理

俄罗斯采用军民统一的航天管理体制，俄罗斯联邦航天局集中管理军民卫星系统建设，俄罗斯联邦政府直接指导俄罗斯联邦航天局的各项航天活动[32]。

俄罗斯航天商业化基础较为薄弱，目前正在采取措施积极开拓空间数据及其应用市场，军用、商用同步制定航天系统发展规划，并确保自主的空间基础设施的战略地位。例如，2010年年初俄罗斯颁布总统令，规定在俄罗斯境内销售的导航仪必须加装俄罗斯GLONASS卫星导航系统，同时将进口GPS导航仪的关税提高至25%，要求从2012年起所有新车，尤其是公务用车和公交用车都必须装备并使用GLONASS导航设备。

4.日本由国家主导太空开发，以国家安全和产业振兴为目标，追求前瞻性和先进性

日本先后制定《宇宙基本法》和《宇宙基本计划》等，确定将太空开发从研究发展转向安全保障和产业振兴的主导政策，注重自主研发和技术引领，谋求进入世界航天强国行列。

1）发展构架

日本拥有44颗在轨卫星，占全球在轨卫星的4%左右。日本十分重视技术引领性，技术试验卫星接近全国在轨卫星总数的1/3。

在通信卫星方面，日本是世界上第一个部署实用Ka频段卫星和数字电视直播卫星的国家，三菱电机研制开发的DS2000卫星平台输出功率为15千瓦，最多可携带72个转发器；日本通过光学轨道间通信工程试验卫星（optical inter-orbit communications engineering test satellite，OICETS）在世界上成功进行了首次低地球轨道卫星与地面站之间的光学通信试验，并与ESA卫星实现了星间光通信关键技术在轨试验。日本宽带互联网工程试验验证卫星（wideband interNetworking engineering test and demonstration satellite，WINDS）在进行宽带互联网接入试验时，其单向传输速度达到了1.2吉字节每秒，创造了卫星通信记录。

日本的卫星遥感观测技术处于世界领先地位。ALOS-1卫星作为世界上的大型商用遥感卫星之一，具有高速实时数据传输能力和精确确定卫星位置和姿

态的能力。ALOS系列的后续卫星包括：2013年发射的ALOS-2卫星，其携带新一代L频段合成孔径雷达，最高分辨率1米，对应幅宽25千米；2014年发射的ALOS-3卫星，其携带全色、多光谱和超光谱载荷，其全色分辨率0.8米，对应幅宽50千米，多光谱分辨率5米，对应幅宽90千米，超光谱分辨率30米，对应幅宽30千米。

日本的区域导航系统——准天顶卫星系统（Quasi-Zenith Satellite System，QZSS）建设计划于2012年9月批准实施，包括1颗GEO卫星、3颗倾斜地球同步轨道（inclined geo-synchronous orbit，IGSO）卫星及其地面控制段，计划于2018年之前完成部署，最终可能扩展至7颗卫星。QZSS卫星将有效提高日本卫星导航服务的能力，可用性从只有GPS时的90%提高至99.8%，城市区域差分GPS（Differential GPS，DGPS）服务可用性从39.5%提高至69.1%。

根据2009年的《宇宙基本计划》，从2009年起的10年间，日本将努力实现卫星的系列化，不断探索卫星组合运用和一星多用等更有效、更高效的太空开发和利用模式[33]。2015年1月9日，日本正式宣布了新宇宙基本计划，确定了日本强化宇宙产业并积极拓展国际市场方针，将安全保障与产业发展有机地结合起来。

2）运行管理

日本的航天管理体制几经调整，国家主导、政府统一领导的管理体制不断理顺。根据2012年日本议会正式通过的《内阁府设置法等法律的修正案》，目前日本是由首相领导的“宇宙战略室”总揽国家航天项目，并且负责JAXA。“宇宙战略室”设立的名目是增强日本火箭、卫星工业的商业化，提高日本太空产业的国际竞争力。同时，由日本内阁府设立的“宇宙政策委员会”负责调查审议与航天发展政策相关的重要事项等。

专栏十四

JAXA的职能

JAXA于2003年10月1日组建，是日本太空开发政策的独立行政法人，负责日本空间技术的研究、开发和卫星发射等工作，以此推动日本的国家知识创新和扩大空间活动领域，确立自主空间活动能力，提高国际竞争力，促进日本航空航天产业的可持续发展。

安全保障是日本太空开发的首要目的，其经费占到日本太空开发总预算的50%。2012年6月，日本国会参议院通过了立法，转移日本航天政策与预算的控制权，为军事航天发展计划打开了大门，军事航天计划包括导弹发射预警卫星或天基传感器、独立的天基导航和定位能力、军用通信卫星、高分辨率成像侦察卫星、信号情报卫星、卫星保护和空间态势感知能力等。

日本的《宇宙基本计划》分阶段、分步骤地开展新型卫星的技术试验验证和应用实验验证，推进地面系统和卫星系统的共用融合，日本的技术领先战略使其在多项基础技术及应用技术研发方面居于世界领先地位。

5.印度政府高度集中管理航天资源，聚焦重大行业应用和公益性领域，卫星民转军特色鲜明

印度始终把航天视为展示综合国力、提升大国地位的舞台。印度空间计划强调独立自主的政策，并通过应用来驱动航天技术的发展。印度空间基础设施建设与管理带有比较明显的"计划"色彩，卫星系统的建设与应用更多体现在国家重大行业应用和公益性领域。

1）发展构架

经过40多年的发展，印度已发射了近50颗应用卫星，印度卫星中民用卫星占主导地位，除3颗军用遥感卫星以外，其余皆为民用卫星。

在卫星通信服务方面，印度空间研究组织（Indian Space Research Organisation，ISRO）和Antrix公司（由政府控股，受航天部管理）已在印度的卫星带宽交易上形成了"准垄断"局面。然而，印度市场目前由印度卫星提供的商业卫星容量不足50%，大部分由国外卫星运营商提供，如SES公司、Intelsat公司和AsiaSat公司。目前，包括大容量卫星运营商Thaicom公司在内有7家国外卫星运营商能提供带宽的商业租赁服务，绝大多数是间接通过ISRO。这种情况是近年来ISRO可供容量的缺乏和DTH电视广播需求增长之间形成差距造成的结果。ISRO对国外运营商的依赖还将继续，主要是由于印度还不能每年发射1颗以上的通信卫星。此外，ISRO必须为政府和军队用户保留容量，这部分容量占据了目前印度带宽供应的1/3，因此限制了其商业用户的容量供应。

印度已拥有全球最大的遥感卫星星座，其"印度遥感卫星"（Indian remote sensing satellite，IRS）系列卫星被认为是世界上最好的民用遥感卫星系列之一。IRS共有4个系列，其中IRS-1为陆地观测卫星系列，IRS-2为海洋和气象卫星系列，IRS-3为雷达卫星系列，IRS-P为专用卫星系列。印度已成为继美国、法国之后数据分发量的第三大国。

印度区域导航卫星系统（Indian Regional Navigation Satellite System，IRNSS）的组网工作将分为两步：第一步是计划2013～2015年，发射3颗GEO卫星和4颗地球同步轨道卫星组成覆盖印度全境的区域卫星导航系统，从而实现全天候、昼夜覆盖印度及其周边约 1 500 千米范围的优于 20 米的卫星 PNT 服务。第二步是从“区域卫星导航系统”向印度版“全球卫星定位系统”迈进，计划再发射大约 10 颗导航卫星。2013 年 7 月、2014 年 4 月，印度相继发射了 2 颗区域导航卫星。IRNSS 具有相对独立性，可同时提供 GPS 差分完好性信息以及 IRNSS 本身的卫星导航定位和差分完好性信息，但范围主要限定在印度次大陆及印度洋等地区。

2）运行管理

印度空间基础设施采用政府高度集中管理的模式。政府高度管理和控制印度航天活动及各种信息资源。印度航天政策由总理直接领导，设立航天委员会（Space Committee，SC）负责跨部门统筹协调及制定法规政策，航天部（Department of Space，DOS）负责政策执行和综合管理，DOS 下设的 ISRO 是航天活动主要执行机构，国家设立由政府完全控股的公司负责印度卫星数据产品及服务的商业化运作，ISRO 下设若干中心，其中国家遥感中心负责所有卫星的应用及推广。

印度卫星系统走系列化、由民转军的发展道路。印度先后发射了多颗具有军事功能的 IRS 系列民用遥感卫星，“印度卫星”（INSAT）系列通信卫星以及“试验评估卫星”、“制图卫星-2A”（CARTOSAT-2A）等侦察卫星，并着力构建名为“国家预警与反应系统”的国家级空间侦察预警体系。例如，印度国防部就曾租用 IRS-1C 遥感卫星对周边国家弹道导弹的试验情况进行昼夜不间断的监视，并通过发射 IRS-P4 等卫星具备了用卫星监视海上过往船只的能力。而资源卫星-1（Resourcesat-1，即 IRS-P6）、CARTOSAT-2（即 IRS-P7）等民用卫星分辨率已完全达到侦察卫星的标准。

通过外购和技术合作等方式提高自身卫星技术水平。为打造印度自己的航天能力，ISRO 与世界航天强国开展了广泛的国际合作，主要包括美国、俄罗斯、法国。以 IRNSS 为例，印度导航卫星研制的诸多关键技术仍依赖于其他国家和地区，尤其在关键的微型精确定位载荷研制上，印度依然需要仰赖与美国、俄罗斯、欧洲的国际合作。目前，印度尚无法生产作为卫星定位的关键技术和部件的星载原子钟。2009 年 7 月，印度和美国签署了“终端用户监督协议”、“新技术保护协议”和“民用核能合作协议”等三个有关国防、航天和核技术合作的协议。其中，“新技术保护协议”提出印度、美国将加强太空领域的合作，印度的卫星可使用美国的技术，印度可使用自己的运载火箭发射美国的卫星或配有美国先进部件的第三国卫星，这将有利于印度提高自身的卫星发展水平。

6.加拿大发展小而有特色的空间系统，利用商业渠道销售雷达卫星数据产品，广泛开展国际业务

1）发展构架

加拿大拥有在轨卫星 23 颗，占全球在轨卫星总量的 2%。加拿大拥有一个由 2 颗 SAR 卫星组成的较小但积极有效的国家空间侦查项目并提供商业服务。1995 年 11 月加拿大雷达卫星 RadarSat-1 的发射，标志着卫星微波遥感的重大进展，为建立一个能生存的国际遥感数据市场做出了重要贡献。RadarSat-2 为世界上最先进的商用 SAR 卫星，根据采用的不同工作模式，可为用户提供 3 ～ 100 米分辨率雷达图像，相应的成像幅宽范围为 10 ～ 500 千米。

2）运行管理

加拿大主要由政府投入建设遥感卫星，但由商业公司拥有和运营。加拿大的 SAR 卫星由 MDA 公司研制、拥有和管理，加拿大航天局为 RadarSat 卫星提供了建设和发射资金，交换条件是其为航天局提供卫星图像。加拿大通过立法控制卫星图像应用，MDA 公司被授权可以在加拿大政府规定的控制政策范围内基于商业目的出售图像和图像产品。

积极开展国际合作促进卫星数据的全球应用。加拿大政府与涉及制定美国遥感政策的美国政府机构保持着高度亲密的合作关系，并与德国宇航中心（Deutsches Zentrum für Luft- und Raumfahrt，DLR）、法国国家空间研究中心（Centre National d’Etudes Spatiales，CNES）和瑞典航天公司（Swedish Space Corporation，SSC）合作建立了 Inuvik 站。加拿大 MDA 公司 2011 年 5 月与俄罗斯 ScanEx 研发中心签订合同，在之后三年内向位于俄罗斯的多个地面站提供 RadarSat 数据，并向俄罗斯 ScanEx 研发中心交付 2 个 RadarSat-2 地面站，包括来自 RadarSat-2 卫星的下行链路，以及维护、培训和支持。加拿大 MDA 公司 2011 年 8 月宣布与 ESA 签订了一项超过 1 100 万加元的合同，在 2011 年 6 月～ 2014 年 5 月为 ESA 提供 RadarSat-2 卫星图片。

三、国外航天技术转化现状

（一）国外航天技术转化主要领域

为航天而开发的技术可能还具备重要的非航天应用价值。NASA、ESA 和 JAXA 都对每年度的二次应用技术的产生情况进行了跟踪监视。表 2-2、表 2-3、表 2-4 展示了近年来源自这三家机构的部分二次应用技术 [34，35，36]。

表 2-2 NASA 近年的部分二次应用项目

序号	NASA 二次应用项目
1	原本由约翰逊航天中心为宇航员保健而开发的营养添加剂现已用在多种维生素、抗氧化剂和奥米加三脂肪酸中
2	由肯尼迪航天中心开发的旨在理顺维护、修理和大修流程的软件已经以许可证方式用于商业车辆维护服务
3	NASA 制定的富氧环境火灾评定办法已用于火灾与爆炸事件调查、工程司法鉴定和氧气安全培训
4	艾姆斯研究中心用于火星高分辨率摄影的图像技术已被用来制作垒球场比赛期间的大幅照片，可供球迷事后浏览和“加标签”
5	马歇尔航天飞行中心开发的用于在高热、高光环境下拍摄图像的遥感器技术已在激光焊接等多种工业加工过程中得到商业化应用
6	为在太空中使用而设计的简便易用的通风装置现已被军方和其他用户用在偏远位置
7	由 NASA 艾姆斯研究中心开发的自动化工具被用到一种商业产品上，用于提高商业航线实时选择的效率
8	火箭发动机设计用的原理被用于制作消防水龙带喷嘴，提高了灭火系统性能，灭火速度更快，用水量减少
9	为 NASA 推进应用而开发的高强度铝合金被用于铁路和公路隧道的安全通风
10	NASA 用于监测和治疗运动病的技术现被用来监测士兵、急救人员、专业运动员和其他人员的健康和体质
11	用于检查航天飞机结构的成像系统带来了新的制造和安检技术
12	为空间粮食种植而开发的可编程发光二极管照明系统可用于水族馆内，帮助敏感的鱼类和珊瑚快速生长
13	空间探测用的实时水质监测系统可更高效地监测废水处理设施的运行情况
14	为空间探测器开发的软件调试技术还带来了能帮助保证网上购物和银行操作安全的核验手段
15	无人空间任务所用的控制系统正在使许多行业的复杂机器人操作得以实现，如用于自动化水果收获

表 2-3 ESA 近年的部分二次应用项目

序号	ESA 二次应用项目
1	火箭推进技术经适应性改进后已被用于氢燃料汽车的燃料系统
2	超小型机器人研究带来的灵感导致了一种用于监测接受血液稀释治疗患者的凝血情况的传感器诞生
3	航天器对接技术为汽车工业带来了精密机器人制造技术方面的帮助
4	为 ESA “罗塞塔”彗星探测器开发的压电技术用于为一种超轻型腕式胰岛素泵供电
5	用于测量微重力条件下宇航员体液重新分布情况的技术现被用于测量西班牙火腿的水分保持情况，以进行质量认证
6	在国际空间站上开展的等离子体物理实验给医院带来了新型手部消毒系统
7	为监测国际空间站外部原子氧而研制的传感器现被用于优化玻璃镀膜工艺，造就了节能型窗户
8	ESA “普朗克”太空望远镜上所用的宇宙微波背景辐射探测天线现被用在轿车内，用于帮助防止碰撞
9	为航天项目复合材料性能分析而开发的软件用于提高运输集装箱安全性和效率
10	“罗塞塔”彗星探测器所用的碳纤维杆现正被各厂家用于提高激光切割机的精度和效率
11	用于监测宇航员健康状况的红外传感器技术使降噪耳塞还能用来跟踪戴用着锻炼时的心率表

续表

序号	ESA 二次应用项目
12	为火箭燃料贮箱而开发的高度耐腐蚀钛合金被用在海上水下油气设备上
13	为空间使用而开发的简单的小功率传感器正被用于探测石油钻井平台是否存在危险的甲烷泄露
14	用于保护卫星免受发射过程中振动影响的一种有源阻尼系统还可用来降低内燃机的排气噪声
15	设计用来探测月球的穿地雷达可通过探测支撑岩壁的薄弱点来改善矿山安全

表 2-4　JAXA 近年的部分二次应用项目

序号	JAXA 二次应用项目
1	JAXA 的技术造就了使用寿命更长的电容器，可用于在很大的温度范围内储存能量，使用时间是蓄电池的 3 倍以上
2	火箭整流罩内用于保护有效载荷的吸声毡技术已应用到供建筑物内使用的墙面材料上
3	为日本“希望号”国际空间站舱段上的实验项目而开发的一种可用于让表面耐水和耐油的液体已投放商业市场
4	为确定发生爆炸时与火箭发射台的安全距离而开发的一款仿真程序已被用于设计子弹头列车，以降低在隧道中的噪声
5	为宇航服开发的材料正用于制作能自动防止异味的服装
6	为供运载火箭整流罩使用而开发的隔热材料现被用于住宅建设
7	火箭喷管所用的轻型防热材料现被用于家庭防火帘和灭火布
8	为在国际空间站上使用而开发的小巧高效的细胞培养设备可减少地面研究工作的劳动量
9	为 H-2 运载火箭开发的制造与质量管理技术被用于研制叠层橡胶轴承，以保护建筑物和桥梁免遭地震破坏
10	用于固体燃料火箭点火的高可靠性系统被用于保证汽车安全气囊能可靠地打开
11	用来监测卫星运行情况的一种全向相机可用来对整个房间进行监视或用做机器人的光学传感器
12	固体火箭喷管内使用的碳复合材料可用在汽车的碳刹车片上，以提高耐用性
13	一种伽马射线天文学传感器正在作为低能医学诊断系统得到应用，可识别生物化合物，甚至能诊断癌症
14	用来探测航天器部件薄弱环节的超声波设备还可用于探测凯夫拉、玻璃纤维、塑料和复合材料内的缺陷
15	用于卫星太阳能帆板密实折叠的一项技术正被用于制作更结实、更高效的折叠式地图和目录册

分析近年来的转化案例，国外航天技术转化主要集中在航天材料、特种制造技术、电子信息技术、能源与环保技术、医疗与消费技术、安全性技术及系统技术等领域，转化后的用途比较广泛，如表 2-5 所示。

表 2-5　国外航天技术转化情况

可转化类型		转化前的用途	转化后的用途
航天材料		航天器、空间站、发射场建筑、航天服等用的热材料、磁性材料及特殊金属材料、半导体材料等	军事、工业、建筑、航空、医疗、服饰等领域的材料
航天技术	制造技术	特殊材料的制造技术及焊接技术 / 微细加工技术等	军事、工业、电子、消防、建筑等领域的制造与加工
	电子与信息技术	传感器 / 探测器技术；测试 / 模拟软件技术；图像分析技术等	工业、电子等领域的检测与分析
	能源与环保技术	清洁能源（太阳能 / 风力发电）电池技术；水 / 气体过滤技术；污染检测技术等	太阳能 / 风力发电、电动车；工业、医疗、家庭用水的净化；环保部门的污染检测与治理
	医疗与消费技术	用于航天员的身体状况监视与恢复的诊断、身体训练、医疗及营养品技术；航天服技术；太空食品技术等	医疗 / 运动仪器与设备、远程诊断；脱水食品及食品包装；防紫外线服、液冷服及泳衣、防弹衣等
卫星应用		卫星导航、通信、遥感技术及星际探测技术等	手机服务；林业管理、土壤检测、濒危动物追踪等；卫星成像；军事侦察等
平台及系统应用		发射场的环境补救方案；国际空间站用的遥感系统和控制系统；综合视景系统等	化工厂、制药厂、燃料厂等造成污染的场所；智能烤箱；航空公司的飞机

（二）国外航天技术转化的主要模式特点

各国在推动航天技术转化过程中各具特点，形成了不同的技术转化模式。

1.美国大力推进航天技术转化，形成了多元参与、研需一致的高效转化机制

美国航天工业是一个以国防部、NASA为主导进行宏观管理，以科研单位、大学和承包商为基础的军民结合的综合体系。美国国防部认为，“虽然专门针对国家安全的创新成果往往出现在‘纯军’的国防工业基础之中，但绝大多数能够维持技术优势的创新性和变革性部件、系统与方法存在于民用市场、小型防务公司，或美国的大学中”。因此，为维护技术优势，美国建立了军民融合的技术和产品研发体系，除洛马公司、诺格公司、通用动力和雷神公司等几大军工巨头外，其余大部分参与航天任务的企业都以民品业务为收入的主体，这些企业本身既是航天技术成果的拥有者，同时也是航天技术成果转化的需求者，供需一致，因此航天技术能够实现自然转化。

专栏十五

NASA 技术转化模式

根据技术转化过程中合作方式的不同，NASA 实现技术转化主要有两种模式。

第一种，直接转让。

NASA 开发技术，积极寻找民营机构将产品推广应用。NASA 早期开发的先进阻燃聚苯并咪唑材料技术，为了早日实现实用化，将该技术转由民营机构开发生产，为 NASA 型号提供配套服务，降低了 NASA 的采购成本。该民营机构不仅开发出满足 NASA 需求的隔热纤维材料，而且将该产品转移应用于其他军用和民用领域，实现了产业化[37]。

NASA 戈达德空间飞行中心突破单壁碳纳米管制造技术以后，积极进行技术的产业化推广，经过技术信息发布及对投标意向性机构的遴选，最后授权德克萨斯州的民营公司进行特许生产和产业化推广，并派出 NASA 技术专家参与到民营机构的技术改造中，充分利用 NASA 技术人员的技术经验得到适合推广的技术产品，再由民营机构推广。

第二种，联合攻关。

NASA 开发的新技术存在缺陷或者在开发中遇到了问题，寻找民营的技术公司合作开发新技术，满足 NASA 需求的同时，NASA 授予该民营企业生产许可，由民营公司进行产业化推广。NASA 马歇尔飞行中心开发出航天器热防护喷涂技术，但是存在一些缺陷包括污染环境、制造工艺难度大、成本高等。NASA 对外发布技术信息，相关民营公司便联系技术转移中心，合作开发新技术，研发成功后民营公司一方面继续为 NASA 服务，另一方面将该技术推广应用。

此外，NASA 也与一些民营机构建立了长期的合作关系。1973 年 5 月，NASA 的首个空间站——“天空实验室-2”发射入轨后不久，就发生了太阳电池展开故障和过热问题，因此急需开发新的热屏蔽结构，马歇尔空间飞行中心邀请标准包装公司的国立金属加工分公司进行技术合作，该公司几乎在美国启动太空计划时，就成为 NASA 的对外合作伙伴。NASA 的技术和管理专家与民营机构的技术专家组成项目组，利用 NASA 的经费支持和民营机构的技术基础，很快开发出新材料。在满足 NASA 需求的同时，该民营机构利用新技术优势，将该技术推广应用。

与此同时，NASA 是航天技术转让的大力推动者，为使 NASA 开发的航天技术迅速而高效地进入商业市场，NASA 在首席技术专家办公室下设创新伙伴关系办公室，专门负责 NASA 的技术转让活动。在这种体制下，NASA 各研究

中心本身不是商业化和产业化的主要承担者，而是把有商业潜力的军用技术转移到民用企业，尤其是具有活力的中小企业，利用其市场优势进行市场推广和产业化，对国家工业和经济的辐射和带动作用较强。

2.欧洲由ESA主导各国技术合作，积极搭建跨国转移网络，通过行业协会促进交流

欧洲航天发展的典型特点是由 ESA 主导制定和协调航天发展计划，统筹欧洲各国的航天研制任务。相关合作项目的经费由欧盟各成员国分别投资，根据“公平偿还”政策，按投资比例结合技术优势将合同分配给各国，有利于加强国际合作和避免重复建设，强化各国的优势技术领域。ESA 的技术转让和知识产权活动由其技术转让计划办公室开展，并形成了“技术转让网”，协调各个国家的技术转让活动。

行业协会等民间组织在促进欧洲国家发展军民融合的过程中发挥着重要作用。它们的主要职责是把相关行业中有能力承担军品研究与生产任务的民营企业组织起来代表他们与政府部门及军方保持密切联系，充当政府、军方与工业界的纽带和桥梁。

3.日本追求技术领先，强调建立一体化的航天技术创新和转化体系

日本倡导“科学技术创新立国”，在航天领域尤其追求前瞻性和先进性，在多项航天基础技术及应用技术研发方面居于世界领先地位。日本自明治维新时期起一直坚持“本国化、扩散、提高”的安全思想，对于先进技术，不分军用和民用。

日本建立了航天技术转化的协同系统，能够发挥公共研究机构和私营公司各自的长处。日本宇宙航空研究开发结构实验室和系统分析公司开发的航天技术的最初来源是电子企业或研发实验室，这些技术经过集成和增强后用到诸如太空这样的严酷环境中，持原有技术的公司继续参与航天应用开发或新的地面应用开发。转移中，JAXA 和系统分析企业有各自的研发实验室和车间，对概念到样机进行全过程监督，发挥了推动和协调作用。由此，日本航天机构和日本公司的技术转移途径可以概括为“地面—空间—地面”，JAXA 因了解深度技术知识使其能够有效地协调技术转移过程、选择最佳合作伙伴，并以清晰透明的方式向技术接收方说明技术的应用，发挥了推动和协调作用。

四、未来世界卫星及应用技术突破点前瞻

面向未来，航天技术某些领域的重大创新突破，可能孕育着重大产业发展和转化应用的机遇。其中，一些重要技术在未来 10 ～ 15 年有望取得突破。

（一）前沿技术前瞻

近年来，可应用于航天技术发展的量子、信息、电子、材料、先进制造、能源 / 动力等前沿技术领域不断取得新突破，为航天技术的革命性突破孕育了重大机会。前沿技术突破结合航天科技创新将从根本上改变航天发展模式，促进航天技术从任务牵引向创新驱动转变。

1.量子技术

量子信息处理技术，可促进星载计算机、仿真评估、地面支持计算机等空间技术水平的提高，可应用于需要大规模、高精度、高速浮点运算的航天任务，如星体精确坐标测量、精确控制机器人等。量子通信技术，具有保密性强、大容量、远距离、速度快等方面的优势，为未来构筑高速、大容量通信网络数据传输奠定了基础。量子精密测量技术，具有超高精度和频率稳定性能，将促进卫星导航领域星载高精度原子钟技术水平的提高。量子成像技术，可以完成对物体的非局域成像，不受光路扰动影响，其成像分辨率可以超越经典成像的衍射极限，进而获得更高的成像分辨率。

2.光学技术

激光光源技术，可促进先进激光成像雷达、高精度大气探测激光雷达、激光通信终端等有效载荷技术发展。光电探测技术，促进超级冷却纳米线探测器阵列、天基光通信接收机、光子探测器等有效载荷技术发展。高对比度成像与光谱学技术，将增强高动态范围成像能力，支持系外行星成像。仪器、传感器光学系统技术，有助于改进光电探测器的性能，在不同温度和载荷下能够保持高通量、大视角、高稳定性、高光谱分辨率、高对比度和一致性。

3.人工智能技术

人工智能技术，可应用于航天领域急需的智能故障诊断、空间站智能电源管理、智能飞行员辅助管理控制和智能规划调度。脑机接口技术，可应用于控制机器人代替航天员进行舱外活动，远程控制自动装置（应用在探测、维修和维护），无需用手实现对舱内装置和设备的直接控制。

4.材料、先进制造技术

（1）轻质多功能材料与结构技术，可减轻航天器结构重量、提高有效载荷，满足独特的服役环境，满足未来高效航天任务需求。材料设计与评价技术，以更高效、更准确且更具成本效益的方式，通过理论设计来定制具有特定性能、满足极端环境条件的新材料。纳米应用技术，其材料力学性能、隐身性能、信息获取、传输、处理、存储能力、微型化、智能化等将对航天工业制造、实验、研究带来巨大冲击。计算材料学技术，可以系统、准确地理解材料组织结构与性能的关系，使性能预测和材料设计成为可能，能够加快具有最佳性能的定制材料的发展，以进一步保障材料在空间飞行器系统中的极端可靠性要求。

（2）3D 打印制造技术，可在太空中实现宇航部件、宇宙飞船、星球探测器、航天员食物等优质、高效、高精度、轻质、低成本无余量制造。智能集成制造技术，可基于精确的数学模型，驱动和支持产品制造的全过程。先进复合材料制造和修复技术，可提高复杂外形复合材料制件的生产效率和性能，降低成本。跨尺度制造技术，可满足航天极端服役装备的设计与制造、高性能复杂构件跨尺度制造等高端需求。纳米-分子制造技术，实现对分子和物质的精确控制，促进生产出更强、更轻、更高效、寿命更长的航天产品。

5.能源/动力技术

化学能、太阳能、核能是运载器、航天器能源 / 动力的主要来源，尤其是太阳能的转化效率提升技术与核能工程化应用技术将使得人类更远距离、更长时间地探索空间。

（1）在运载器方面，固液混合火箭技术可应用于运载火箭主推进、助推级、上面级、轨道飞行器、先进轨道转移系统的动力装置；将两种或多种发动机循环有机结合以提高性能的组合推进技术，主要包括火箭基组合循环（rocket based combined cycle，RBCC）动力装置和涡轮基组合循环（turbine based combined cycle，TBCC）动力装置两种类型，在未来运载器中具有广阔应用前景；空间核热推进具有性能高、易于起动和停止运行、可长时间工作等特点，可应用于载人登小行星、载人登火星等，以及太阳系外行星探测和火星取样返回等任务，主要技术关键在于结构热防护技术和辐射防护技术。

（2）在航天器方面，高效太阳能技术为高效利用太阳能，解决长寿命、低成本空间能源与动力需求，提供大型聚光式光伏发电等重要技术途径，最高转换效率可超过 50%；电推进技术，推进剂效率（或比冲）是化学推进系统的几十倍，由太阳能或核能经转换装置获得电能，利用电能加热推进剂或电离推进机而产生推力的推进技术，尤其适用于深空探测、星际航行等领域应用。核能在空间电源中也将发挥重要作用，将成为未来深空探测器的主电源，根据热能产生的方式不同，热能来源有两种：放射性同位素、核反应堆[38]。

（二）卫星通信技术方向

未来 10～15 年，卫星通信领域高轨卫星系统与低轨卫星系统将并行发展，卫星通信系统架构从单独组网向多网互联发展，并与地面其他通信网络实现通信连接。卫星通信领域的技术发展重点包括：

（1）单星容量日益扩大，通信卫星平台普遍具备高功率、高承载、快散热、高控制精度等能力；

（2）大口径可展开天线、多波束形成技术与星上数字处理交换技术日益增强，有效载荷正在经历“星上模拟波束形成透明转发→星上数字波束形成处理交换→地基波束形成透明转发”的技术演进历程[39]。

与此同时，面对未来通信速率增长接近三个数量级的紧迫需求，激光通信、量子通信、微波光子等新型传输技术可能会颠覆卫星通信技术体制和物理实现。

专栏十六

激光通信、量子通信与微波光子

激光通信技术，具有保密性强、不怕电磁干扰和通信质量好等优点，可为深空探测、星间通信提供经济、高效、高速的信息传输。国外已经开始开展高速率空间激光链路的研究，并将激光通信技术作为未来天基信息网的关键传输技术。目前，激光链路的快速捕获跟踪的稳定性问题是困扰空间光组网的前沿技术难点问题，以突破光信号的捕获和稳定跟踪及光信号的存储转发和处理能力为目的，美国在 2014 年 1 月和 6 月分别以月球探测器和国际空间站为平台进行了空间激光通信试验，并取得成功，未来几年将继续进行多次试验，并计划在 2020 年后应用卫星激光通信技术建立空间高速实时信息网。同时，为了满足卫星激光通信载荷的工程化实现需求，激光通信终端在研制中还特别注重产品的小型化、轻量化设计。我国也已经开展激光通信载荷试验应用。目前，激光通信载荷从空间演示实验阶段开始进入工程实用化阶段，开始激光通信系统的发展计划。

量子通信是当今国际量子信息和保密通信研究领域的热点之一。国外对量子通信技术的研究已从理论走向实验，并逐步向实用化发展。目前，国外各研究机构已经对量子通信技术提出了详细的发展规划，将向更远的传输距离、更高的传输速率和空间组网方向发展。在关键技术方面，国外的研究集中在：单光子和量子纠缠态的制备、分发和探测技术，量子系统稳定性技术，量子中继技术等方面。

微波光子技术可以充分发挥微波通信和光波通信的特点和优势，在空间系统中具有重要的应用。技术发展方向主要包括微波信号光域传输、微波信号光域交换、微波信号光域滤波、微波信号光域变频及空间微波光子通信系统构建及性能分析等。未来 10 ～ 15 年，将逐步采用光子技术实现并替代部分传统微波器件的功能，如光学微波信号源、光学滤波器。

（三）卫星导航技术方向

卫星导航系统将沿着提升系统整体效能，使系统具备超高精度、高可靠性、强抗干扰能力的综合型、多元化功能方向发展。

1.自主导航

卫星导航系统主要依靠地面站完成导航卫星的定轨任务，但是地面站的布设存在局限性，而且在战争期间容易遭到电子干扰和远程武器的精确打击而陷入瘫痪。目前，为了使导航卫星在失去地面支持的情况下，仍能提供一定精度的卫星坐标，维持系统的定位功能，缓解导航系统的脆弱性[①]，发展导航星座的自主定轨技术显得越来越重要。导航星座的自主定轨可以采用星间测距的方法，在严格的动力学模型约束的基础上，利用星间的测距信息对卫星的轨道参数进行修正。

导航卫星采用星间链路，除支持自主导航以外，还可以提高系统的精度、连续性和完好性。采用星间链路联网工作方式，使卫星实现迂回通信，避免信息传输链出现单节点，提高系统的工作可靠性。目前，只有美国的 GPS 实现了导航星座星间链路，采用频段为 UHF 频段，UHF 频段的最大缺点在于波束较宽，容易受到无意或恶意的干扰。因此，从发展的角度来讲，星间链路采用 Ka 频段或 V 频段，有利于抗干扰能力的提升。将来，考虑更窄波束精确指向的激光星间链路，可更大限度地提高星间链路的安全性。

2.系统融合

通信、导航、遥感卫星系统发展的不断完善，必然伴随着各系统的相互融合。卫星导航系统搭载通信转发载荷，空间环境监测载荷和电磁环境监测载荷的功能不断提升，使导航卫星星座同时也是通信和侦查星座。随着卫星平台提

① 卫星导航系统的脆弱性，是指受到威胁的可能性及威胁出现时系统受影响的程度，以定位精度、星座运行完好性、导航数据正确性、空间环境稳定性等指标不能满足用户的定位要求来表征系统脆弱性程度。

供越来越大的载荷承载能力，使得卫星载荷增加装载通信系统功能成为可能。导航定位的概念正在从为用户提供单一的定位、测速、定时服务，朝着可提供定位、测速、定时、实时位置报告等的综合型导航定位信号系统方向发展。

导航与通信融合将是未来导航卫星的一个发展方向，将带来导航领域的重大变革。随着提出导航星间链路要求，为远程卫星接力通信提供可能。未来导航与通信融合发展的主要技术方向应该在导航与通信功能要求的分析与论证；导航与通信功能的复合技术；导航通信业务的复杂协议和接口技术；导航与通信载荷的复合设计技术；导航与通信载荷的优化设计技术[40]。

3.国家PNT体系

未来卫星导航的范围不再局限于地面，构建全方位、高精度的国家 PNT 体系是导航与位置服务领域新的战略制高点。为解决单一卫星导航系统的不足，美国率先提出了国家 PNT 体系。国家 PNT 体系集成、融合各种可用 PNT 资源，灵活组合，互为冗余，优势互补，为空间、空中、地面、地下和水下用户提供全方位服务，代表着 PNT 能力建设的未来发展方向。该体系不仅重视天基 PNT 能力的建设与发展，同时更加重视体系能力的建设，强调各类导航能力的互补，以及体系结构与能力的稳健[41]。

在国家 PNT 的大体系下，水下导航定位将卫星导航技术和声呐技术结合，开发适用于水体内部空间的导航定位设备，实现全球陆地、空间和海洋一体化无缝导航，是国际上新兴发展起来的定位技术。

（四）卫星遥感技术方向

1.光学遥感

光学遥感领域总的发展趋势仍是提高空间分辨率、时间分辨率、光谱分辨率及载荷的功能密度[42]。

（1）在高空间分辨率方面，低轨达到 0.1 米 /0.4 米、静止轨道达到 3 ～ 5 米的观测水平是未来 10 ～ 15 年可见光成像技术发展的重点，主要包括大口径反射镜轻量化、大口径反射镜装调检测，大口径反射镜定位支撑、自适应光学、大口径折叠可展开等核心技术；2030 年左右，红外成像重点突破低轨 0.5 米和静止轨道 10 米技术，主要包括大口径红外光学系统装调检测、长寿命大冷量制冷、长线列高灵敏度红外探测器、大面阵高灵敏度红外探测器等核心技术环节。

（2）在高时间分辨率方面，主要依赖于敏捷卫星、超大视场及静止轨道卫星实现。为克服传统光学设计技术的限制，美国正在研究基于计算成像的超大视场成像技术，基于这种新型的光学设计手段可有效提高光学系统的视场，有效提高系统应用的时间分辨率。

（3）提高光谱分辨率主要利用超谱成像技术实现，包括光谱分光、先进探测器等核心技术。

（4）提高单台载荷的功能密度是气象、海洋、环境监测等领域的一个重要发展方向。2030 年之前将继续发展高光谱偏振成像技术，实现单台载荷对空间、光谱和偏振多维度信息获取，主要包括光谱分光、偏振探测等核心技术。

对于传统的光学遥感技术美国等发达国家已经发展到了一个较高的高度，传统的光学成像技术在提高空间光学遥感器技术指标上逐渐遇到技术瓶颈，未来 10 ～ 15 年有望应用在空间遥感领域的新型遥感成像技术主要包括：基于波前编码的新型空间成像技术、单视角立体成像技术、紫外探测技术、太赫兹成像技术、基于超材料的新型成像和量子成像技术等。

2.微波遥感

微波遥感正在向着更高频段、多频点多极化、更多探测功能、高时空分辨率、高测量精度等方向发展。微波遥感器从技术体系上划分，通常包括微波辐射测量技术、微波散射测量技术、雷达高度测量技术、合成孔径雷达技术和探测雷达技术五大类。

在未来 10 ～ 15 年：

（1）大气垂直温湿度探测的毫米波亚毫米波辐射计和综合孔径微波辐射计均实现静止轨道业务化应用，集成一体化设计的全频段、全极化微波辐射计成为气象海洋综合探测的标准配置。

（2）微波散射测量技术在静止轨道上的应用取得突破性进展，多频、多极化、多通道的微波散射计实现应用，逐渐成为海洋卫星的标准配置。微波散射计、微波辐射计和 SAR 相结合的主被动联合系统成功应用，风场测量性能大幅提高 [43]。

（3）具备高精度、宽幅、三维成像等多种功能模式的雷达高度计成功应用，可以实现毫米级甚至更高的测高精度。

（4）星载 SAR 实现 0.1 米的高分辨率，多极化成为星载 SAR 的标准配置，并且实现定量测量，利用编队小卫星技术进行干涉测量成为星载合成孔径雷达干涉测量发展的趋势。

（5）探测雷达工作频率不断提高，G 波段（160 吉赫兹）雷达成功应用；雷达硬件向全固态化、数字化、集成化发展，以降低功耗，提高可靠性 [44]。

第三章

中国卫星及应用产业发展现状

一、中国卫星及应用产业发展总体情况

（一）中国卫星及应用产业的发展历程

中国航天事业起步于1956年10月，经过近六十年的艰苦奋斗，走出了一条适合中国国情和有自身特色的发展道路，取得了一系列重要成就，先后取得了以“东方红一号”卫星、载人航天、探月工程为代表的三大里程碑。当前，中国已具备了较为完善配套的航天型号研发、设计、试制、生产、试验体系及产品质量保障体系，是目前世界上为数不多的能够提供火箭、卫星、载人飞船、地面设备等多类航天产品、发射服务及地面设施建设等一揽子服务的国家，具备大部分种类的卫星设计、研制、生产能力，长征系列运载火箭基本实现型谱化、系列化和高密度发射，可靠性达到国际先进水平，国产通信、导航、遥感应用卫星已具有连续稳定运行的能力，具备了可持续发展的能力基础。与此同时，随着各行各业对空间信息、卫星应用的需求不断扩大，中国卫星应用的广度和深度不断提高，正在进入快速发展期，应用领域和规模不断扩大，为业务化应用和产业化发展奠定了基础。目前中国已发射100多颗卫星和

其他飞行器，根据卫星工程从技术试验到业务应用的发展脉络，中国卫星及应用产业可大致分为以下四个发展阶段。

1. 1956~1970年，卫星工程技术储备阶段

1956 年中国航天事业开创，开始了卫星工程的基础研究工作，同时在技术、工程和组织等方面为研制卫星开展了一系列准备工作。经过十多年的艰苦努力，1970 年 4 月，中国第一颗人造卫星“东方红一号”卫星成功送入太空，标志着中国成为世界上第五个具备独立研制和发射人造卫星的国家，创建了中国航天的第一座里程碑。

2. 1971~1984年，卫星工程技术试验阶段

这一阶段，在技术储备基础上开展了多方面技术试验，并成功研制发射了返回式遥感卫星和静止轨道通信卫星。

1975 年 11 月，中国首次发射回收了返回式遥感卫星，成为世界上第三个掌握卫星返回技术的国家。此后，1976 ～ 1984 年，中国相继成功研制发射了 5 颗返回式卫星。

1984 年 4 月，中国成功发射第一颗 GEO 通信卫星“东方红二号”，标志着中国成为世界上第五个具备独立研制和发射静止轨道卫星能力的国家。

3. 1985~2000年，卫星工程走向试验应用、卫星应用快速增长

这一阶段，中国卫星工程从技术试验走向工程应用，卫星工程技术水平实现跨越，东方红通信卫星、风云气象卫星逐步走向实用，北斗卫星导航试验系统、载人航天工程等一批重大工程相继启动并稳步实施。

在通信卫星方面，20 世纪 80 年代后期和 90 年代后期，第一代和第二代东方红通信卫星平台分别实用化，第二代平台实现了中国 GEO 通信卫星从自旋稳定型到三轴稳定型的飞跃，使得中国通信卫星水平大幅提升。

在遥感卫星方面，“风云一号”极轨气象卫星先后发射 2 颗试验星和 3 颗业务星，于 2000 年前后实现业务化运行。同一时期，2 颗试验性“风云二号”GEO 气象卫星及 1 颗中巴地球资源卫星成功发射，中国第一代传输型地球资源卫星开始运行。

随着世界应用卫星产业的发展及中国应用卫星能力的提升，20 世纪 90 年代初，中国卫星应用产业开始出现较快发展，1997 ～ 1998 年，随着亚洲金融危机爆发，中国卫星应用产业出现低谷，1998 年以后卫星应用市场进入恢复期，2000 年中国卫星应用市场规模达 100 亿元，相对 90 年代中期有了大幅增长。

4. 21世纪初至今，中国应用卫星开始从试验应用向业务应用转型，卫星应用深度与广度不断增强，商业化运营逐渐拓展

这一阶段，中国应用卫星种类不断丰富、水平不断提高，东方红通信卫星、气象、海洋、资源等遥感卫星逐步向系列化、业务化发展，北斗导航、载人航天与探月等科技重大专项取得里程碑式成果。随着应用需求不断拓展，应用卫星与卫星应用进入蓬勃发展期，2010 年起，中国卫星发射进入密集期，每年发射次数在 15 次以上，位居世界前列；部分卫星性能指标达到世界先进水平。

东方红系列第三代通信卫星研制成功，大大缩小了与世界先进水平的差距，并实现整星出口。

遥感卫星形成资源、风云、海洋系列及环境减灾小卫星星座。资源系列卫星技术与应用水平不断提高；“风云二号”GEO 气象卫星实现业务化运行，“风云三号”业务星投入运行标志着极轨气象卫星实现升级换代；海洋水色卫星、海洋动力环境卫星相继成功发射，中国海洋卫星实现从无到有的突破；环境与灾害监测预报小卫星星座两颗光学星、一颗合成孔径雷达卫星发射升空，标志着中国环境与灾害监测预报小卫星星座正式建成。2012 年、2013 年，“资源三号”卫星、“高分一号”卫星相继发射成功，中国开始拥有了自主研发的高分辨率遥感卫星。

北斗卫星导航系统完成区域组网，并于 2012 年 12 月 27 日正式向中国及周边地区提供服务，使中国成为世界上第三个拥有自主卫星导航系统的国家。

载人航天工程完成 10 次飞行任务，实现了载人天地往返、航天员出舱、空间飞行器交会；探月工程圆满实现了环月与月表探测、月面着陆与探测两步目标，正在执行第三步月球采样返回任务，中国成为世界上第三个成功实现航天器地外天体软着陆的国家。

与此同时，中国卫星研制主体逐渐走向多元化，尤其是在小卫星、微小卫星领域，除航天科技集团公司之外，一些大学、科研机构及商业公司先后进入卫星研制和运营领域。2000 年，由清华大学研制的“清华一号”小卫星进入太空，其后，哈尔滨工业大学（“试验一号”等）、浙江大学（“皮星一号”）、南京航空航天大学（“天巡一号”）、国防科技大学（“天拓一号”）、中国科学院（“创新一号”等）等单位研制的以新技术实验为主要目的的小卫星、微纳卫星和皮卫星陆续发射成功，目标应用领域包括对地观测、通信等多个方面，部分微小卫星如图 3-1 所示。由二十一世纪空间技术应用股份有限公司（简称二十一世纪公司）运营的“北京一号”小卫星系统是中国第一个由企业实施和运行的遥感卫星系统，其已提供商业化服务。同时，面向商业化应用需求，更多机构和企业开始计划建设和运营小卫星星座。

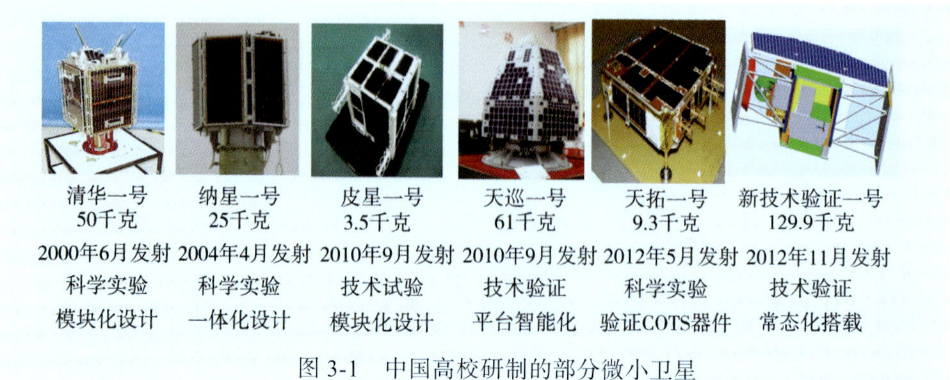

图 3-1　中国高校研制的部分微小卫星

这一时期，中国卫星应用日益广泛，卫星应用规模快速增长，2008 年起中国卫星应用产业进入快速发展期，2013 年卫星应用产值规模超过 1 000 亿元，比 2000 年增长 10 倍以上。

随着中国民用空间基础设施工程的规划与实施，中国应用卫星与卫星应用产业发展面临新的机遇。从“十三五”开始，未来十年内，中国卫星及应用产业将完成从试验应用向业务服务的转型升级，建成长期稳定运行的空间基础设施和高效共享的空间信息服务体系，业务服务能力持续提升，随着航天产业化、商业化发展的不断推进，可以预计，基于空间基础设施及各类商业卫星的行业、区域与大众应用的创新将不断涌现，进入卫星应用发展新阶段。

（二）中国卫星及应用产业转型发展的阶段特征

面对急剧膨胀的应用需求，中国卫星及应用产业迎来了发展的重大机遇，进入了转型发展的关键期，具有明显的阶段特征。

1.航天技术创新从追赶世界先进技术为主向自主创新形成体系转变

中国航天事业取得的成就和经验表明，只有坚持自力更生、艰苦奋斗，把发展的基点放在自主创新上，才能真正掌握核心技术、抢占科技制高点、在世界高技术领域占有一席之地，才能牢牢把握发展的战略主动权，切实增强国家核心竞争力。

“十二五”是中国建设创新型国家的关键时期，航天技术创新将按照系统工程理念，在坚持“探索一代、预研一代、研制一代、装备一代”的技术发展路线的基础上，应对新一轮科技革命的技术发展趋势，着力强化“三大创新”：一是从追赶先进技术向强化开创性、原始性创新转变，围绕重大航天技术前沿领域，大力推动原始创新，逐步在一些关键领域形成引领世界航天技术发展的优势能力；

二是从单项技术创新为主向强化系统级、体系化集成创新转变，努力形成以系统创新为牵引、以专业技术创新为支撑的相互作用、相互促进的良好格局；三是从面向性能指标的技术创新为主向强化面向科研生产装备全寿命周期的能力创新转变，通过设计、加工、制造的流程创新、试验验证技术创新、工艺技术创新及组织管理模式创新等，提高新技术的转化效率，真正实现竞争实力的增强。

2.卫星系统服务模式从试验应用型向业务服务型转变

未来十年，中国航天产业从整体上要完成由试验应用型向业务服务型的转变，使创新能力得到明显加强，形成具有一定经济规模、产业链完整的航天产业体系。运载火箭要明显提高进入空间的能力和可靠性；通信广播卫星系统要能满足通信保障、广播电视、应急救灾、远程医疗、远程教育等方面的需求；遥感卫星系统要能满足土地资源监测、环境保护、防灾减灾、气象观测、农业、林业、水利、城市建设、近远海乃至全球海洋探测能力等方面的需求，并实现综合探测与定量化遥感应用；总体上，要以建立中国长期、连续、稳定、自主的空间基础设施为目标，建立长期稳定运行和协调配套的卫星遥感系统、高水平的卫星通信广播系统及全球卫星导航定位系统，促进卫星应用的商业化、产业化发展，显著提高卫星应用产业的规模和效益。

3.卫星应用从主要依靠国外系统及数据向依靠自主卫星系统及数据转变

目前国外系统及数据在中国卫星应用领域还占据着重要的地位，提高国产系统及数据的比重将是中国卫星及应用发展的重要任务。目前，中国使用的关系到国家信息通信安全及应急反应能力的卫星移动通信系统和多媒体数据广播系统全部是国外的卫星系统；国土资源、灾害管理等领域每年需要大量的高分辨率遥感卫星图像，由于国内卫星提供服务的能力有限，大部分高分遥感数据主要依靠国外卫星提供且难以满足中国需求；中国导航产业则主要依赖美国的GPS。这些都对中国国家信息安全和空间信息服务保障等造成一定影响。在北斗导航和高分辨率对地观测系统两个科技重大专项的牵引下，中国自主数据源保障能力不断提高，如中国“资源三号”卫星的影像质量已达国际同类卫星先进水平，国内原来订购SPOT-5的用户纷纷转向订购“资源三号”卫星数据，同时也促使国外数据大幅降低了销售价格。未来，中国空间基础设施的发展将全面提升应用卫星的能力和地面应用水平，为中国卫星应用产业发展提供更多、更高质量的自主数据源。同时，随着应用卫星能力的提升，中国各类卫星也将逐步向提供全球服务发展。

4.发展机制上从政府投资为主向多元化、商业化发展转变

作为战略意义重大、探索性强的高科技行业，各国航天投入一般以国家投

入为主，在试验应用阶段尤其如此。随着航天应用需求越来越旺盛，世界主要国家针对航天活动高投入、高效益、高风险等特点，逐渐形成了军民商共存互促的发展模式。这种模式，一方面通过引入市场机制，充分利用社会资源，弥补政府投资的不足，提供更多的可用资源；另一方面，有利于建立高效的市场化运作模式，提高投入产出效益，以充分发挥卫星资源的应用效能，满足更为广泛的应用需求。目前，中国通信卫星系统及卫星导航地面应用系统的商业化发展程度相对较高，遥感卫星及其地面系统的建设、应用等仍以国家投资为主，高分辨率卫星遥感等领域的商业化价值尚未得到有效开发。总体上，长期以来，除部分通信卫星运营和导航应用终端及服务外，中国应用卫星及卫星应用系统发展以国家投入为主，整体能力、共享水平、应用效益与发展需求相比都存在较大不足。当前，随着中国卫星系统服务模式从试验应用迈入业务服务阶段，产业化进程不断加速，二十一世纪公司及百度等一些商业公司开始进入或正在谋划进入卫星系统建设与运营市场。在政府支持下，由高校与企业联合建立卫星技术应用研发机构和公司，成为目前中国卫星系统研制与运营商业化发展的一个重要趋势。例如，2010 年清华大学与信威集团联合组建空天信息网络技术联合研究中心，并立项研制“灵巧通信试验卫星”，计划发展低轨移动通信星座；2013 年武汉大学与武汉市政府、中国航空工业集团联合组建武汉遥感与空间信息工业技术研究院，计划发展商业高分辨率遥感卫星网络系统等。可以预见，为满足业务化应用和产业化发展需求，中国应用卫星系统发展模式将日益走向多元化。

二、中国卫星通信产业发展现状分析

（一）卫星通信产业链

卫星通信产业链由通信卫星制造与发射服务、地面设备制造、系统集成和运营服务组成，如图 3-2 所示[45]。通信卫星包括固定通信广播卫星、移动通信广播卫星和数据中继卫星三类，包括卫星制造与发射服务两个环节。

目前中国的通信广播卫星仍以支持传统业务为主，向中国境内和周边国家提供固定通信服务，主要由中国卫星通信集团和亚洲卫星公司运营，目前在轨 10 颗固定通信卫星，在建的通信卫星 4 颗，为在轨卫星的接替星，如图 3-3 所示。但目前中国尚无自主研制的宽带通信卫星、移动通信卫星和移动多媒体广播卫星。

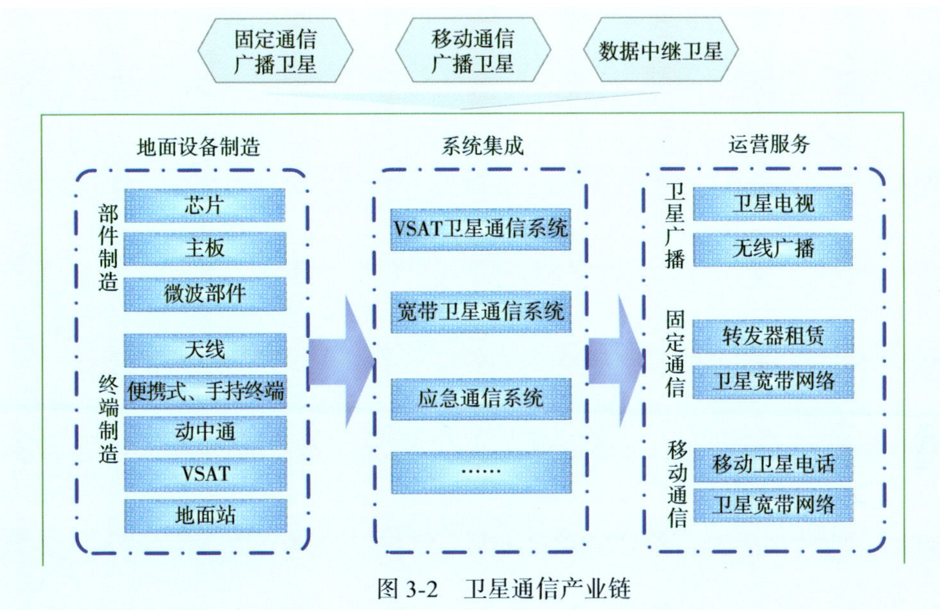

图 3-2 卫星通信产业链

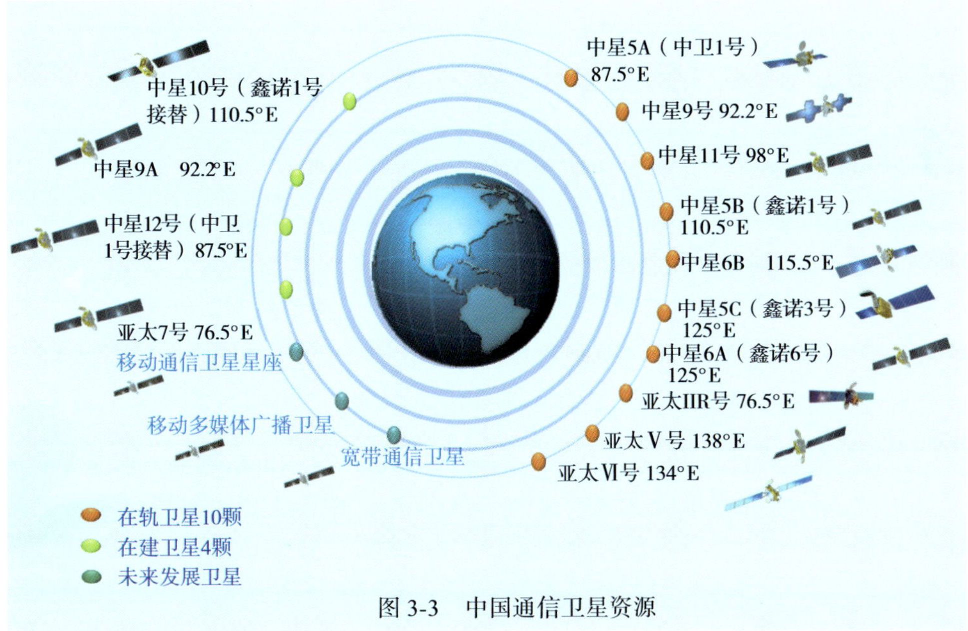

图 3-3 中国通信卫星资源

通信卫星地面系统主要包括测控站、信关站、上行站、标校场等，主要实现对卫星的测控、数据转发、数据上行传输、资源分配和校准等功能。其中，测控站主要负责对卫星进行遥测、遥控、定轨；信关站负责本卫星网络与其他网络间数据转发、信息互通，并对本网络用户及业务进行管理；上行站用于向卫星上传各类地面音视频等广播信号并对上行信号进行管理；标校场用于标校卫星通信天线指向，纠正卫星天线指向偏差。

地面设备制造可分为部件制造和终端制造两大部分。其中，部件制造包括芯片（DAB 芯片、CMMB 芯片、直播星接收芯片等）、主板（DAB 主板、DVB-S 主板、CMMB 主板、直播星接收机主板等）和微波部件。终端制造包括天线（S 频段移动终端、L 频段接收终端、中继卫星用户机）、便携式终端（全自动便携式卫星通信终端、小型静中通终端）、动中通（传统动中通、低高度动中通、相阵控动中通）、手持终端（S 频段移动终端、L 频段接收终端、中继卫星用户机）、VSAT 和地面站。

系统集成，按照不同通信方式提供 VSAT 卫星通信系统、宽带卫星通信系统、应急通信系统等。

运营服务可分为卫星广播、固定通信及移动通信，提供卫星电视、无线广播、卫星宽带网络、卫星电话等多类面向市场的卫星通信服务。

（二）卫星通信产业现状分析

目前，中国市场上卫星通信广播的主要业务类型是固定通信和广播业务。固定卫星业务主要包括卫星转发器出租、专用和公用 VSAT 卫星通信网及卫星专线应用等，服务提供者包括中国卫星通信、中国电信和 36 家 VSAT 运营商，各类固定、车载、便携卫星通信地面站点超过 10 万个。广播卫星业务主要包括卫星音频广播、卫星电视转发及卫星直播电视服务。移动通信业务份额很小，市场提供者有中国电信和交通部信息中心，约有 7 万多个用户，以语音业务为主，目前均使用国外卫星资源和系统。卫星运营主要由中国卫星通信和中信卫星两家公司提供。电视广播、公众网卫星链路、行业专网、应急通信、媒体传送、证券信息、视频会议和远程教育等成为中国卫星通信广播的主要应用领域。

1.电视直播业务市场潜力强劲

中国卫星电视直播市场容量大、技术成熟、终端价格低廉，但是受到服务与应用政策的限制，市场发展不充分。目前，中国卫星电视直播业务的增长驱动来自“中星九号”的公共服务定位。2011 年中共中央宣传部和国家广播电影电视总局下达《关于在有线网络未通达农村地区开展直播卫星公共服务的通知》，正式将“中星九号”直播卫星的运营方式定位于“公共服务”，是面对有线未通达地区农牧民家庭的“文化惠民工程”，“十二五”期间着力推进农村广播电视由“村村通”向“户户通”延伸，用户计划到 2015 年达到 2 亿户，实现城乡广播电视公共服务全覆盖、均等化。截至 2014 年 10 月 8 日，全国直播卫星“户户通”用户达到 1 600 万户，直播卫星公共服务总用户数共计

3 595 万户[46]，相对于计划目标，时间紧迫、任务艰巨。

中国卫星运营市场宏观环境的总体趋势是由紧趋松，这集中表现在近年来政府对于三网融合和数字电视的极力推动等方面，但政府在广播电视等卫星核心业务领域的政策取向仍不明朗。相对于国外卫星直播市场旺盛发展的态势，中国卫星直播电视的市场管制对直播卫星产业的发展形成了一定的限制，产业带动作用不明显。总体上看，中国卫星通信产业的发展急需政府在政策和资源上给予支持，直播电视业务未来仍具有广阔的增长空间。

2.固定通信定位为地面通信网的补充和延伸

中国固定卫星通信频段主要集中在 C 频段（频率范围为 3.7 ～ 4.2 吉赫兹）和 Ku 频段（频率范围为 11.7 ～ 12.2 吉赫兹），卫星带宽资费运营成本较高，用户每兆赫兹带宽每年要花费 30 万元左右。由于 C 频段和 Ku 频段通信卫星容量低，卫星通信与地面通信相比，在价格、容量等方面都不具有优势，这很大程度上导致了长期以来中国信息基础设施建设都以地面通信为主，卫星通信只是作为地面通信网的补充和延伸，以政府应急和行业应用为主，在中国电信运营业中所占比例极小，不足 1%。

3.移动卫星通信运营服务市场以代理国外商业资源为主

目前，中国移动卫星通信运营服务市场以代理国外商业资源为主，已建成和开通了国际移动卫星北京岸站，开通了 400 ～ 500 个国际移动卫星 A 型站、M 型站和 F 型站，移动卫星用户数现已达 6 900 多户。由于得到国家政策支持，中国具有自主知识产权的卫星应急通信得到了快速发展。动中通等移动卫星通信终端市场从业单位众多，包括中国电子集团公司第五十四研究所、第三十九研究所及世纪卫星等展开了激烈竞争。

2014 年 9 月，清华大学联合北京信威通信技术股份公司研制的灵巧低轨移动通信试验卫星发射成功并于 10 月完成了在轨测试实验。由高校与企业联合开展通信卫星星座研制和运营，将为中国卫星通信的商业化发展模式带来新突破。

4.卫星宽带通信业务正在积极展开

宽带通信，是指通过宽带通信卫星提供面向个人接入的多媒体双向传输服务，一般采用 Ka 频段（频率范围为 22.5 ～ 23.0 吉赫兹），以提供全球覆盖、区域增强的宽带业务为核心，在远程教育、广播电影电视传输和边远地区双向通信等方面应用需求巨大。中国宽带通信卫星的研制尚处于空白状态，但已开始利用现有的通信卫星进行宽带通信业务应用。

5.国产通信卫星技术水平落后于国外，产业化基础薄弱

中国现有通信卫星在系统容量、通信体制、频谱利用率、多波束天线、星

上处理交换等关键技术上与国外相比仍存在较大差距，亟待突破。基于成熟的新一代大型静止轨道卫星公用平台整体性能达到国际同类通信卫星先进水平，但在供电功率、载荷承载能力、载荷适应性等方面与国外相比仍有差距。

中国尚无自主的商用卫星移动通信系统，缺少具有自主知识产权、支持大规模组网的卫星通信系统产品，宽带多媒体通信卫星尚在研究阶段，相关业务依赖国外卫星系统。

中国通信卫星及应用终端的核心元器件、原材料和部组件的国产化率低，部分共性设备和地面核心设备仍然主要依赖进口，导致中国卫星制造领域产业链尚不完善，上下游产品供应链狭窄，难以形成国际竞争力。

三、中国卫星导航产业发展现状分析

（一）卫星导航产业链

卫星导航产业链由导航卫星制造与发射服务、基础类产品制造、终端产品制造、系统集成和运营服务组成。从服务用户类型来看，卫星导航产品、应用系统及服务可分为大众消费和行业应用两大类，如图 3-4 所示[47]。

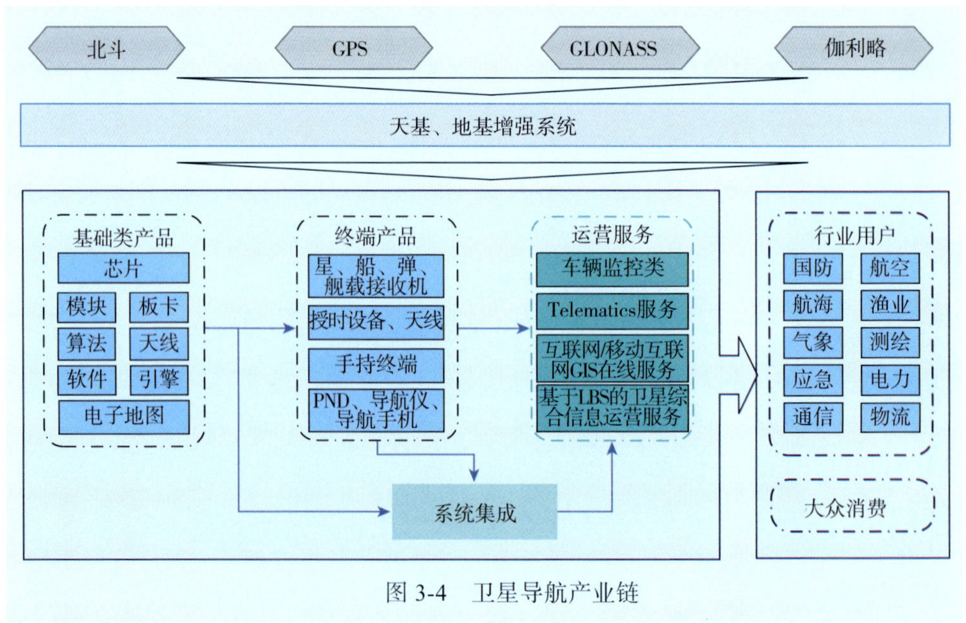

图 3-4 卫星导航产业链

1.卫星导航系统与导航增强系统

目前，国际上全球导航卫星系统包括中国的北斗卫星导航系统、美国的GPS、俄罗斯的GLONASS及欧洲的伽利略系统。

增强系统可用来提高卫星导航系统空间信号的完好性、改善导航性能，满足航空、测绘、气象、精准农业等用户对精密定位、快速和实时定位、导航、时间同步的需求。增强措施包括天基和地基两种方式。天基增强主要是利用GEO卫星向广大区域用户播发高精度的导航定位差分改正信号，为用户提供卫星导航系统完好性和可靠性信息。地基增强是对卫星导航系统与天基增强系统播发的导航信号进行采集与处理，并依据精确的基准点数据，生成各种类型的差分改正数据并播发给用户。连续运行参考站网（continuously operating reference stations，CORS）是卫星导航地面增强系统的重要组成部分，能够对连续运行基准站采集的数据进行处理并将计算结果发送给定位用户的卫星导航综合服务系统，是城市、地区和国家重要的空间信息基础设施。

2.基础类产品

基础类产品是卫星导航应用产业的核心基础，包括芯片（芯片组）、板卡、模块、天线、定位/差分/测向算法、多系统组合导航算法、系统引擎及处理软件、地图/导航电子地图等。

3.终端产品

终端产品包括各类授时设备、导航接收机、天线和面向不同用户群体的信息接收设备，如军方专用的空间（星、船、弹、舰）接收机，干扰/抗干扰接收机设备，大众消费的便携式自导航系统（portable navigation devices，PND）、导航仪、导航手机等。

4.系统集成

系统集成，是指根据用户具体需求，将硬件与软件集成，提供完整的解决方案，主要分为数据采集、移动资源管理和授时三大类应用。

5.运营服务

按照服务的载体不同，运营服务可分为以车辆为主的车辆监控服务和车载信息服务（即Telematics服务），以互联网/移动互联网为载体的地理信息在线服务，以社会公共管理/服务平台为依托的基于LBS的卫星综合信息运营服务等。其中，Telematics服务是以无线语音、数字通信和GNSS为基础，通过汽车交互信息，通过无线通信网和定位系统，向驾驶员、出行者提供远距离车辆诊断、车辆救助、交通信息、新闻、电子邮件、金融等服务，美国的Onstar和日本的 G-book 即是典型的 Telematics 服务。

（二）北斗卫星导航系统

1.北斗卫星导航系统概述

北斗卫星导航系统是中国自主建设、独立运行，并与世界其他卫星导航系统兼容共用的全球卫星导航系统。

北斗卫星导航系统按照“三步走”的发展计划开展建设。第一步是构建北斗卫星导航试验系统，试验系统于 2000 年完成建设并试运行，向中国及周边地区提供定位服务；第二步是建设北斗区域卫星导航系统，区域系统于 2012 年年底建成并投入运营；第三步是建设北斗全球卫星导航系统，计划于 2020 年前后建成。

北斗卫星导航系统主要由空间星座、地面控制系统和用户终端三大部分组成。

北斗全球卫星导航系统的空间星座部分由 5 颗 GEO 卫星和 30 颗非 GEO 卫星组成，如图 3-5 所示。GEO 卫星分别定点于东经 58.75 度、80 度、110.5 度、140 度和 160 度。非 GEO 卫星由 27 颗中圆地球轨道（medium earth orbit，MEO）卫星和 3 颗 IGSO 卫星组成。其中，MEO 卫星轨道高度 21 500 千米，轨道倾角 55 度，均匀分布在 3 个轨道面上；IGSO 卫星轨道高度 36 000 千米，均匀分布在 3 个倾斜同步轨道面上，轨道倾角 55 度，3 颗 IGSO 卫星星下点轨迹重合，交叉点经度为东经 118 度，相位差 120 度。

图 3-5　北斗全球卫星导航卫星星座示意图

地面控制系统由若干主控站、时间同步 / 注入站和监测站组成。主控站收集各个监测站的观测数据，进行数据处理，生成卫星导航电文，向卫星注入导航电文参数，监测卫星有效载荷，完成任务规划与调度，实现系统运行控制与管理等；时间同步 / 注入站在主控站的统一调度下，完成卫星导航电文参数注入、与主控站的数据交换、时间同步测量等任务；监测站对导航卫星进行连续跟踪监测，接收导航信号，发送给主控站，为导航电文提供观测数据。

用户终端部分，是指各类北斗用户终端，以及与其他卫星导航系统兼容的各类应用终端，终端用来满足不同领域和行业的应用需求。

2.北斗卫星导航系统性能

第一阶段建成的北斗卫星导航试验系统服务于中国及周边地区，定位精度优于 20 米，具有短报文通信功能。

第二阶段建成的北斗区域卫星导航系统星座由 14 颗卫星组成，包括 5 颗 GEO 卫星 ，5 颗 IGSO 卫星和 4 颗 MEO 卫星，面向中国及周边大部分地区提供无源定位、导航和授时等服务，如图 3-6 所示。目前，北斗系统运行连续、稳定，服务区域内的系统性能满足指标要求，部分地区性能优于指标要求。

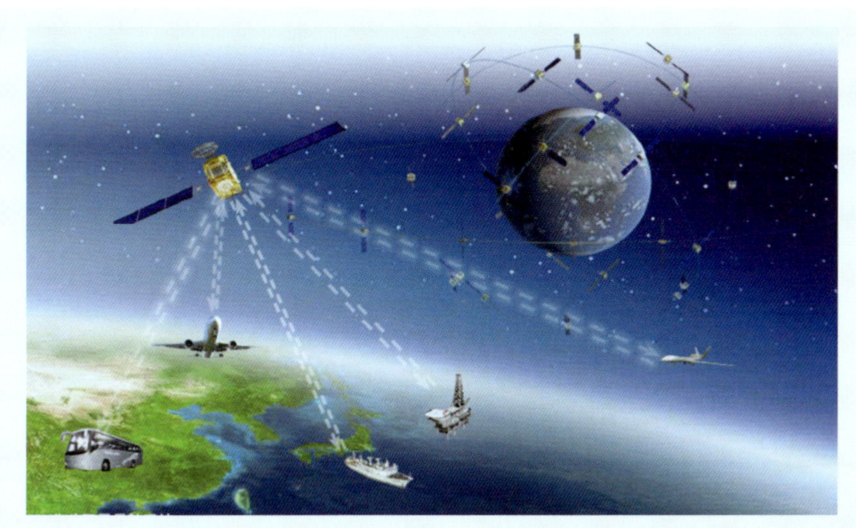

图 3-6 北斗区域卫星导航系统卫星星座应用示意图

北斗区域卫星导航系统的主要功能和性能指标如下。

（1）主要功能：定位、测速、单双向授时、短报文通信。

（2）服务区域：中国及周边地区。

（3）定位精度：平面 10 米、高程 10 米。

（4）测速精度：优于 0.2 米 / 秒。

（5）授时精度：单向 50 纳秒。

（6）短报文通信：120 个汉字 / 次。

第三阶段，北斗全球卫星导航系统建成后将为全球用户提供卫星定位、测速和授时服务，并为中国及周边地区用户提供定位精度优于 1 米的广域差分服务和 120 个汉字 / 次的短报文通信服务。其主要功能和性能指标如下。

（1）主要功能：定位、测速、单双向授时、短报文通信。

（2）服务区域：全球。

（3）定位精度：优于 10 米。

（4）测速精度：优于 0.2 米 / 秒。

（5）授时精度：20 纳秒。

2013 年年底，为鼓励国内外企业研发北斗应用终端，提升北斗高精度应用体验，中国卫星导航系统管理办公室发布了《北斗系统公开服务性能规范》（1.0 版）和《北斗系统空间信号接口控制文件》（2.0 版）。

3.北斗卫星导航系统的优势

相比于 GPS，北斗卫星导航系统存在以下优点：

（1）北斗卫星导航系统采用了 GEO、IGSO 和 MEO 的混合模式，保证了北斗系统在地球上任何地方和时间的可见数量和可见时间，所测卫星的空间几何分布优于 GPS，尤其是亚太地区。对于中国大陆区域，由于有 5 颗 GEO 卫星和 5 颗 IGSO 卫星的增强作用，可有效地克服其他卫星导航系统在高纬度区始终是低仰角的问题，适用于城市高楼或野外沟谷狭窄的天顶净空间面积较小的地方，即北斗系统所提供的性能指标明显优于 GPS 系统。

（2）北斗卫星导航系统采用了 3 频信号体制，能同时播发三种频率的信号，基于这些频率信号可以进行组合，减少因电离层影响、观测噪声、多路径效应（导航信号经由建筑物、水面或其他反射物表面发射后形成的干扰信号）等带来的误差，提高定位精度。

（3）北斗卫星播发的导航信号相比 GPS 卫星更有利于提高用户端的测距和测速精度，这是因为北斗组网的卫星信号的载噪比相对比较小。信号分析表明，IGSO 卫星与 GPS 新一代卫星性能相当，而 GEO 卫星则高于 GPS 新一代卫星。

（4）北斗卫星导航系统在 5 颗 GEO 卫星上采用卫星无线电导航（radio navigation service system，RNSS）和卫星无线电测定（radio determination service system，RDSS）的双重体制，不仅能与其他在轨卫星一起提供无源定位服务，还能由这 5 颗卫星向区域用户提供有源定位、位置报告和短报文通信服务。

（三）中国卫星导航产业现状分析

1.中国卫星导航产业几乎以每两年翻一番的速度快速增长，但整体仍处于产业成长期

中国卫星导航应用已经深入众多行业和领域，已经初步形成了从芯片制造、终端设备到系统集成、运营服务的完整产业链条。如图 3-7 所示，2003 ～ 2013 年，中国卫星导航产业几乎以每两年翻一番的速度快速增长，年均增长近 39%，2013 年中国卫星导航产业总体产值达 1 040 亿元，相比 2012 年增加 28.4%，但仍以 GPS 产品与服务为主，北斗产值（含投资）不足卫星导航应用总产值的 10%。

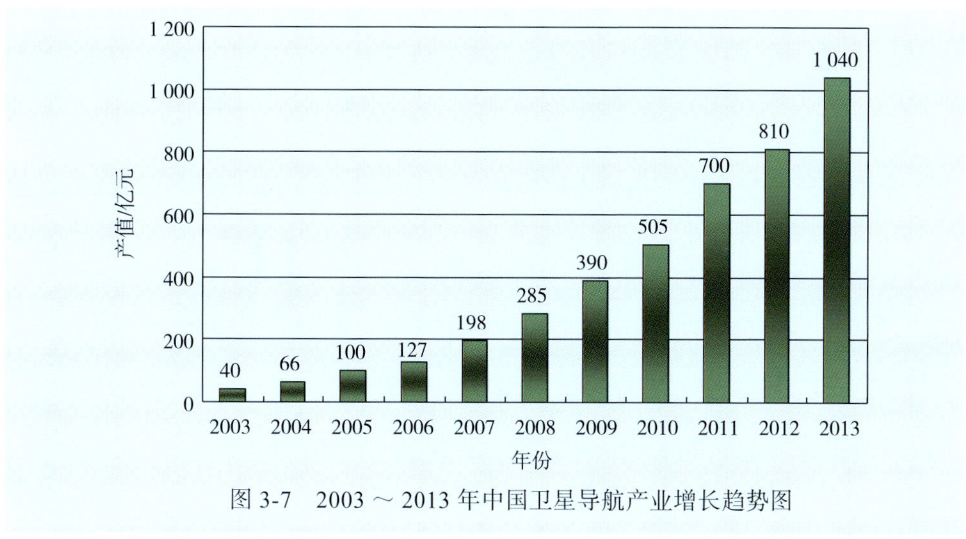

图 3-7　2003 ～ 2013 年中国卫星导航产业增长趋势图

中国导航定位终端的总销量突破 3.48 亿台，其中带导航功能的智能手机销售达到 3.3 亿台。汽车导航后装市场终端销量大约 760 万台，汽车导航前装市场终端销量大约 185 万台，监控终端销量大约 600 万台，PND、个人导航仪销量大约 100 万台，各类高精度定位接收机销量超过 8 万台。截至 2013 年年底，中国北斗终端社会持有量已超过 130 万套。现阶段中国涉足卫星导航产业的企事业单位数量超过 11 000 家，从业人员数量接近 33 万人。

专栏十七

2013 年中国卫星导航市场中消费用户分布

大众（个人）应用市场是中国卫星导航产业发展的重心和依托，目前主要集中在手机位置服务和个人车辆应用两大细分市场。2013 年中国国内汽车监控终端销售收入约 60 亿元，车辆前装市场销售收入超 92 亿元，车辆后装市场终端销售收入超 188 亿元，个人导航仪终端年销售收入约 5 亿元。2013 年智能手机市场有爆发性增长，年销售量达到 3.3 亿台，大众应用类终端销售与相关位置服务总产值超过 200 亿元。

行业（领域）应用市场是当前中国卫星导航产业发展的关键及核心市场，该市场正处于规模化应用发展期。在三大应用市场相对占比中仅次于大众应用市场，是今年产业发展的主要增长点。在行业应用市场中，交通领域应用所占份额最大，2013 年行业车辆监控终端销售收入约 60 亿元，驾考车成为高精度应用的新增长点，市场规模已超过 8 亿元。在测绘应用领域，2013 年高精度手持终端销售总额约 2 亿元，实时动态差分（real time kinematic，RTK）高精度接收机销售总额超过 20 亿元。

特殊（安全）应用市场是中国卫星导航产业发展的高端市场，当前正处于持续稳定增长期。随着 2013 年年底北斗卫星导航系统的正式运行，北斗卫星开始在中国军事应用市场中唱主角，呈现批量性采购和规模化应用势头，年底频频出现大订单。

在国际上，卫星导航产业格局已逐渐由多极分散转向集中，企业并购频现，主要市场被 Garmin、Tomtom、Trimble 等专业化大企业占据。相比之下，中国卫星导航产业尚处于“规模小、布局散、市场乱、效益低”的阶段，产业主体主要是中小企业，国产品牌主要凭借低价竞争占有消费类终端的绝对市场，产业发展水平仍然较低。

2.产业链产值主要集中在中游，下游运营服务增长迅速

中国卫星导航产业链产值分布如图 3-8 所示。从产值分布看，中国卫星导航产值主要集中在中游（终端产品和集成服务），占全部产值的 68%，上游基础类产品（数据、器件和软件）产值相对较小，占总产值的比重为 15%；下游的运营服务环节产值占总产值的 17%。在中游产品中，终端产品产值占整个导航应用产业链的 49%，系统集成次之，占比 19%。终端产品和系统集成在导航产业链中属于低附加值环节，中游一端独大，这说明中国导航产业整体仍不成熟。目前，中国终端市场需求仍处于快速增长中，但规模化应用造成产品价格

下降，使其增速减缓。随着移动互联网的迅猛发展，移动互联网巨头纷纷涉足位置服务，使下游的位置服务得到快速发展，其增速超过上中游产品，有望成为未来卫星导航产业发展的新的增长点。

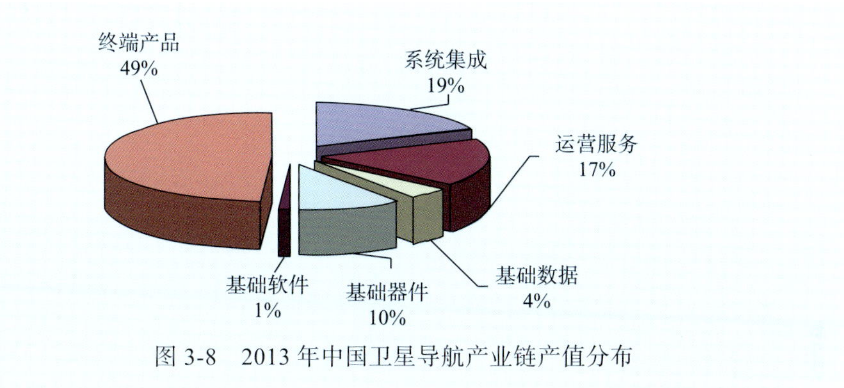

图 3-8　2013 年中国卫星导航产业链产值分布

专栏十八

阿里巴巴、百度跨界收购地图数据公司

继 2013 年 5 月，阿里巴巴战略投资高德控股有限公司（2.94 亿美元投资，持有高德 28% 的股份）后，2014 年 4 月，阿里巴巴与高德达成确定性收购协议，交易完成后，高德将成为阿里巴巴全资子公司。高德是中国国内导航地图供应商，拥有甲级导航电子地图测绘资质和甲级航空摄影测绘资质，2010 年 7 月 1 日在美国纳斯达克成功上市。

2013 年 9 月，百度收购瑞图万方地理信息业务。瑞图万方旗下拥有北京长地万方科技有限公司、北京瑞图万方科技有限公司等全资子公司。百度地图引入瑞图万方旗下位置数据信息，进一步提升了地图相关产品的搜索体验。

3.北斗卫星导航系统应用正在逐步发力，未来发展前景可期

目前，北斗已经完成从天线到终端、从单系统到多模多频、从试验品到产品、从产品到系统解决方案等过程中的关键技术突破，初步形成了天线、芯片、模块、终端、电子地图、模拟器、应用解决方案等覆盖全产业链的产品形态。具有自主知识产权的北斗 /GPS 双模芯片在可靠性、灵敏度性能方面进一步提升，市场实用化步伐进一步加快。北斗 /GNSS 兼容的高精度接收机在定位稳定性和初始化时间方面，明显优于 GPS/GLONASS 兼容接收机，兼容北斗已经成为高精度应用领域的发展趋势，北斗卫星导航系统应用日益广泛和深入。

2013 年，北斗卫星导航系统产值在中国卫星导航产业的占比不足 10%。但较 2012 年增长 150%，增速明显。北斗卫星导航芯片年出货总量超过百万片，增幅达 10 倍，北斗终端社会总保有量已达到 130 万台。北斗卫星导航系统的产品已广泛应用于交通运输、海洋渔业、水文监测、气象预报、大地测量、智能驾考、通信授时、救灾减灾等诸多领域。北斗卫星导航系统的规模化应用、移动互联网消费业态的兴起，以及泛在位置服务等关键应用技术的突破，是现阶段北斗卫星导航系统发展的核心动力。

专栏十九

北斗应用推广情况

2013 年，交通部已在 9 省市近 15 万辆“两客一危”重点运输车辆上安装了北斗终端，对运输过程中非法运营、违章驾驶等行为进行监督，增强了安全管理；广州市 1 万辆公务车批量安装北斗定位终端杜绝公车私用，年节省公车费用支出近 30%；全国近 5 万条中远海渔船和执法护渔公务船安装北斗终端，切实保障了广大渔民的生命财产安全；林业防火、气象测报、水文监测等领域利用北斗短报文通信功能，实现各地防火点、气象站、水文监测站的无人值守、数据实时自动传输；公安部、民政部、国土资源部、陕西省、贵州省等联合开展警用装备、抗震救灾、国土资源及省市区域示范。

4. 地基增强系统建设加快，资源共享、服务质量、安全策略等问题有待解决

从 20 世纪 90 年代末开始，中国出现了参考站的建设高潮，截至 2012 年年底，汇总行业级、区域级、企业级三类系统，中国参考站数量保守统计已超过 3 700 个。中国区域级系统远超国家级和企业级，是参考站网建设的主力。这些系统多隶属城市规划和国土资源部门，主要目的是开展高精度定位业务。对高精度定位实效性、适时性、准确性和可靠性的追求是这些部门进行大规模投资的动力。三大行业级系统，分别由气象局、地震局、国家测绘局牵头建设，主要服务于各部门应用，对外服务较少。测绘仪器生产企业如南方测绘、中海达等公司，也广泛建立了小范围的基准站系统，约有 1 000 个参考站，且该数据仍处于快速上升中。

参考站的发展加快了精准定位地面基础设施建设，与此同时，也遇到了跨区域跨部门联网与资源共享协调、数据共享策略、服务质量保障等问题，同时，精确化与保密性、安全性的矛盾也是亟待解决的问题。

（1）参考站大量重复建设，缺乏必要的国家统筹规划，分布不合理，“应急时不够用、闲置时浪费大”。区域建设不均衡，部分省市已实现高精度无缝

覆盖，而一些国内重点区域仍存在大量空白区域，无法满足高精度定位、气象预报和灾害监测等高精度应用需求。

（2）缺乏数据共享平台、机制与标准，跨部门、跨行业信息无法互通共享，尤其是一些具有重大灾害救援、环境监测应用的数据更是如此。

（3）参考站建设仍主要基于 GPS 建设，大多数站点没有对北斗卫星导航系统进行增强，无法满足北斗卫星导航系统产业化推广的需要。而且，参考站采用的接收机和算法软件几乎全为国外产品，若不进行大规模的软硬件更新，则存在重大安全隐患。

中国首个北斗卫星导航地面增强网——北斗地基增强系统湖北示范项目建成试运行，于 2013 年 3 月 22 日在武汉通过验收。“北斗地基增强系统湖北示范项目”是由国家统一规划建设的以北斗卫星导航系统为主，兼容其他 GNSS 的地基增强系统，该系统已开始业务运行，可提供覆盖全省、多精度、全天候、多系统的导航与位置服务。湖北省该示范项目的成功运行，为按照统一的标准规范，统筹建设中国北斗地基增强系统建设，形成北斗高精度导航定位服务能力提供了良好的示范。

专栏二十

湖北省北斗地基增强系统简介

湖北省北斗地基增强系统于 2012 年 11 月开始启动，先后建立了由参考站网、通信网络、一个主控中心和多个数据应用中心组成的服务平台，其系统结构如图 3-9 所示。通过地面通信系统播发导航信号修正量和辅助定位信号，向用户提供厘米级精密定位服务和米级导航服务。同时开展了北斗地基增强系统在测绘、气象、交通运输、航道、城市管理共五个行业的示范应用。

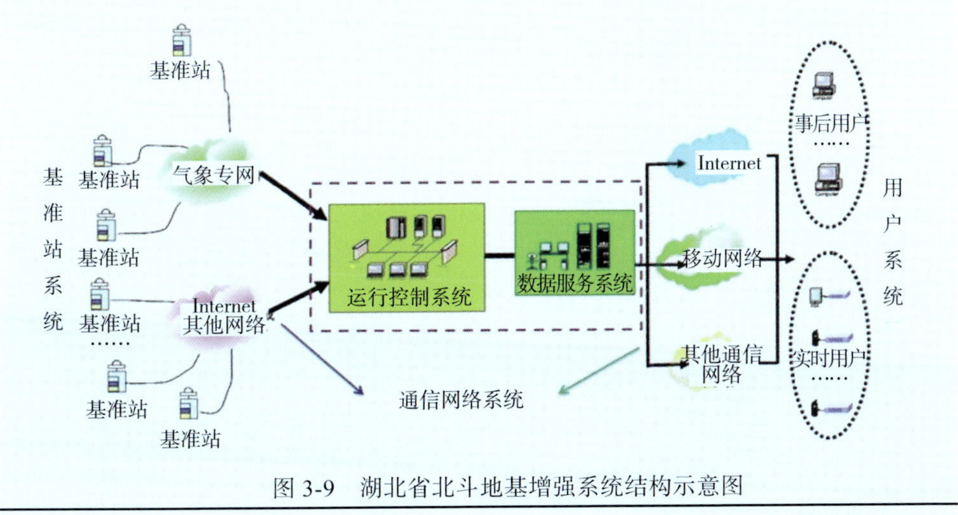

图 3-9 湖北省北斗地基增强系统结构示意图

该系统是以北斗卫星导航系统为主，兼容其他 GNSS 的地基增强系统。该系统利用北斗卫星导航系统的三频率特点，在精密定位初始化时间和环境适用范围等方面，明显优于基于其他双频卫星导航增强系统；定位精度达到平面 2 厘米、高程 5 厘米，满足高精度定位用户需求；采用北斗单频差分导航技术，实时定位精度达到 1.4 米（95%），满足精密导航用户需求。项目实施探索出充分利用已有基础设施，快速建立北斗地基增强系统的创新模式；该系统全部采用国产接收机和软件系统，各项指标达到或优于当前国内外 GPS 地基增强系统。

该系统充分利用气象部门站址和通信的优势，按 CORS 系统建站规范建立了湖北省均匀分布的 6 个框架网基准站（平均边长 220 千米），实现全省范围单频米级导航定位服务；建立示范区 24 个区域基准站（平均边长 60 千米），共 30 个北斗示范站所采用的地面参考站的间距为 50 ～ 300 千米。实现了区域三频厘米级精密定位服务。

5.产业格局“小、散、弱”，自主企业发展压力大

当前，在中国卫星导航与位置服务产业发展过程中，仍然存在多方面的严峻问题亟待解决，北斗卫星导航市场尚未全面打开，产业“小、散、弱”的局面并未改变。产业集中度低，行业内共有 14 家上市公司，其卫星导航相关产值仅占全行业的 6%，产业中绝大多数还是小微企业，且没有一个区域或商业联合体能够形成真正意义上的产业集群。

专栏二十一

国际芯片制造商相继推出兼容北斗卫星导航系统的芯片产品

U-blox、联发科（MediaTek，MTK）、高通（Qualcomm）等相继发布支持北斗的多合一 GNSS 接收器系统芯片（systems on chip，SOC）解决方案。

2013 年 11 月，美国高通与韩国三星合作推出新一代智能手机 GalaxyNote3，该款手机成为首批支持北斗卫星导航系统的智能机。博通公司（Broadcom）紧随其后，在 2013 年年底宣布推出卫星导航芯片 bcm47531，它同时支持中国的北斗卫星导航系统。

中国北斗芯片厂商在市场快速反应能力、产品性能及成本等综合竞争力方面存在明显不足。虽然自主研发的北斗芯片已经进入到车辆、手机，但中国国内北斗芯片业务仍主要集中在高精度和行业导航领域，其在大众导航市场所占份额仅有 10% 左右。U-blox、CSR、MTK 等公司的导航芯片在抗干扰、低仰角、

惯导组合导航、多系统组合导航等方面的技术已经十分成熟，新开发的产品可通过软件升级，支持其他卫星导航系统，目前已进入规模化竞争阶段。相比之下，中国的十几家北斗芯片厂商都未进入规模化竞争阶段，不具备与国际厂商竞争的成本优势。导通一体化是未来发展的主流，高通、博通等通信芯片国际厂商将处于智能终端产品竞争的主导位置，中国厂商在手机综合芯片解决方案等方面的攻关和创新仍有较大差距。

面对国外优势企业的竞争力压力，在专利和标准等高层次的技术竞争上中国企业将面临巨大挑战，跨国公司在专利和标准上已完成布局，而中国标准体系和专利池建设滞后，缺乏国际话语权和产业发展主动权。

四、中国卫星遥感产业发展现状分析

（一）卫星遥感产业链

卫星遥感产业链包括遥感卫星制造与发射服务、遥感数据接收、遥感数据处理分发和遥感信息增值服务四个主要环节，如图 3-10 所示[48]。

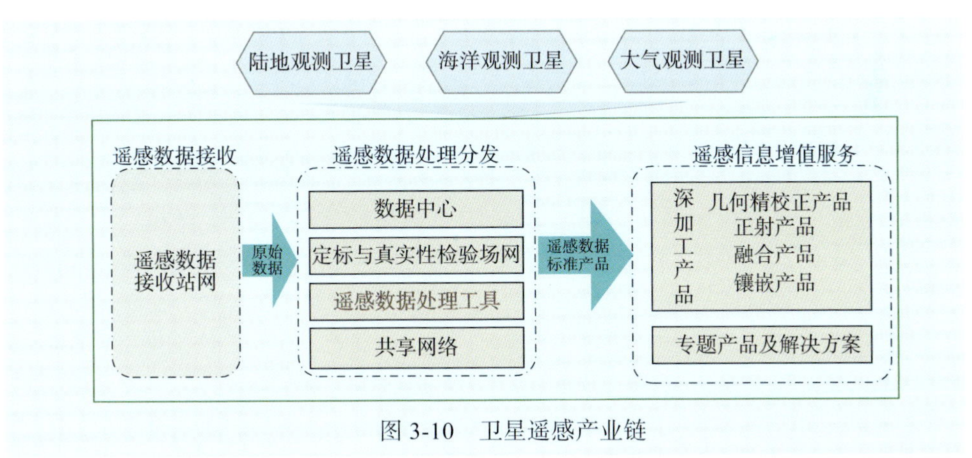

图 3-10　卫星遥感产业链

按照观测领域和对象不同，中国遥感卫星主要包括陆地观测卫星、海洋观测卫星和大气观测卫星三个系列。

遥感数据接收环节，主要是指遥感卫星地面站及其连接组成的网络。

遥感数据处理分发环节主要包括数据中心、定标与真实性检验场网、遥感数据处理工具、共享网络及处理加工后的遥感数据标准产品，分为 0 级产品、

1 级产品和 2 级产品。

遥感信息增值服务主要包括深加工产品和专题产品。其中，深加工产品是在标准产品的基础上，经过进一步加工处理生产的产品，如几何精校正产品、正射产品、融合产品、镶嵌产品、标准分幅产品、地表反射率产品、植被指数产品、三维地形产品和光学制图产品等；专题产品，是指为了满足不同行业应用需求，根据行业应用特点、提取专题信息制作的产品。

（二）中国遥感卫星能力及应用分析

经过四十多年的建设，中国建设形成了陆地资源卫星、风云气象卫星、海洋卫星三大民用遥感卫星系列及环境减灾小卫星星座，近年来发展了“北京一号”等商业遥感卫星。中国自主遥感卫星数据在国土资源、基础测绘、环境保护、农林水利、防灾减灾、重大突发事件应对，以及西气东输、南水北调、青藏铁路等重大工程建设中发挥了重要作用，参加了世界气象组织、《国际空间与重大灾害宪章机制》和联合国灾害管理与应急反应天基信息平台等国际合作组织和机制，在全球气象观测、防灾减灾等活动中发挥了重要作用，为周边国家提供了服务，取得了重要的社会经济效益和国际影响力。

1.陆地观测卫星进入高分时代，自主卫星数据在多行业广泛应用

中国陆地卫星已进入高分辨率观测时代，目前在轨的民用、商用陆地观测卫星包括国产的“资源一号”02C、“资源三号”、“高分一号”、“高分二号”，以及中英联合研制的“北京一号”中高分辨率小卫星，卫星在轨性能良好，图像质量接近或达到同类卫星的国际先进水平。

“北京一号”是根据国家“十五”科技攻关计划和国家“863”高技术研究发展计划的安排，由科技部、北京市、国土资源部、国家测绘局和二十一世纪公司共同支持，由中国与英国萨里卫星技术有限公司合作研制的一颗具有中高分辨率双遥感器（4 米全色 /32 米多光谱）的对地观测小卫星，2006 年 6 月正式对外运行，提供商业定制服务。目前“北京一号”的服役期将满，二十一世纪公司正在开展米级分辨率的“北京二号”的研制工作。

中国第一颗具有高分辨率遥感数据获取功能的民用卫星是 2007 年 9 月发射的“资源一号”02B（CBERS-02B），空间分辨率为 2.4 米。2011 年 12 月发射的“资源一号”02C 是中国首颗按用户定制模式研制的高分辨率光学业务遥感卫星，分辨率为 2.36 米，其卫星数据已应用于农业种植面积监测和作物估产、林业资源调查、荒漠化监测、水资源评估、地质矿产资源调查、城市发展规划、环境监测与评价及灾害监测评估等多个领域。

“资源三号”卫星是中国自主设计和发射的第一颗民用高分辨率立体测图

卫星，立体影像分辨率为 3.6 米，主要用于 1 ： 50 000 立体测图及更大比例尺基础地理产品的生产和更新，以及国土资源调查与监测。“资源三号”的测图精度全面优于法国 SPOT5、日本 ALOS 和印度 IRS-P5 等国外立体测图卫星，处于国际同类领先水平。2014 年，基于“资源三号”卫星的“国产民用高分辨率立体测图卫星测绘和应用关键技术项目”荣获国家科技进步一等奖 [49]。

专栏二十二

资源卫星应用简介

第一，资源卫星主要应用领域。

资源卫星数据已成为中国广阔国土资源监测与调查不可或缺的手段，为国家进行资源有效管理和制定发展规划提供了有力支撑。其应用领域包括：①土地资源调查，主要是土地利用现状、土壤和土地资源退化等调查，在第二次全国土地调查及土地利用遥感监测“一张图”工程中发挥了重要作用。②农业资源调查，主要是耕地面积调查、草地和水资源调查、作物面积测量、作物估产等。③林业资源调查，主要是森林资源分布、林业种类的调查，估算森林蓄积量、森林面积的变化等。④矿产资源调查，主要包括煤田、石油的勘察和矿区的变化调查等。陆地资源卫星应用示意图如图 3-11 所示。

图 3-11　陆地资源卫星应用示意图

第二，“资源三号”卫星应用 [50]。

“资源三号”卫星应用系统已实现规模化、业务化生产，到 2013 年年底，已为测绘、国土、地矿、水利、农业、林业、城市建设、防灾减灾等众多行业提供了 4 300 万平方千米的影像，应用单位达 500 余家，应用部门还在迅猛增加。

（1）重大测绘工程。“资源三号”卫星向全国测绘重大工程提供了总计覆盖面积约 2 250 万平方千米的影像，为重大工程项目的顺利实施提供了有效的自主卫星影像服务保障，其中为全国 1 ∶ 50 000 基础地理信息数据库更新工程提供了 1 050 万平方千米的影像，基础地理信息更新能力提高了 2 倍以上。

（2）应急服务。在四川省芦山地震、云南省火灾等灾害和热点事件中提供了应急测绘保障服务。

（3）省级测绘。目前已经向 23 个省、市级测绘部门提供了所在地区的数据服务，为省级基础地理信息更新提供了 400 万平方千米的影像。

（4）其他行业应用。向国土、农业、林业、水利等 400 余家用户提供了 1 200 平方千米的成果数据，应用于地质调查、物探找矿、环境监测、水利工程检测、灌溉面积调查、水利基础空间库建设与更新、流域水土流失动态监测、农业旱灾监测、青海湖自然保护区观测等，并应用于科研项目研究及电子地图更新等商业应用。

（5）国际合作。向美国、澳大利亚等三十多个国家和地区提供了 450 万平方千米的影像数据，应用于农作物动态监测、海岸带和水系监测等。

天地一体化设计和同步研发是“资源三号”卫星成功应用的重要经验。“资源三号”卫星突破了卫星测绘的一整套核心技术，包括天地一体化设计、高精度检校、高精度成像模型等关键技术，建立了国际通行的卫星测绘产品体系及覆盖全国的高精度影像控制点数据库，实现国产测图卫星从难以测图到立体测图、从试验应用到业务化运行的根本性转变，使中国一举成为国际上少数几个掌握卫星测绘成套技术的国家。其成功应用打破了国外对中国的技术封锁和数据垄断，促使国外同类卫星数据价格从每平方千米 40 元下降到 6 元。

“高分一号”卫星是中国高分辨率对地观测科技重大专项的首发星，配置了 2 台分辨率为 2 米全色 /8 米多光谱的高分辨率相机和 4 台分辨率为 16 米的多光谱中分辨率宽幅相机，突破了高空间分辨率、多光谱与宽覆盖相结合的光学遥感等关键技术，实现了在同一颗卫星上高分辨率和宽幅成像能力的结合 [51]，可满足多种空间分辨率、多种光谱分辨率、多源遥感数据需求，相比其他光学遥感卫星，该卫星的对地观测效率大幅提高，大大提升了中国对地观测卫星的总体观测能力，可为国土资源调查、农业综合利用、环境保护、综合减灾救灾等方面提供重要数据支撑。2013 年 12 月 30 日，“高分一号”卫星的投入使用仪式在北京举行，标志着中国遥感卫星应用进入了新阶段。

专栏二十三

“高分一号”卫星应用简介

“高分一号”卫星发射不久，即在黑龙江抗洪救灾中发挥了显著作用。2013年8月，黑龙江、嫩江、松花江流域发生洪水灾害后，国家国防科技工业局重大专项工程中心立刻启动抗洪救灾应急机制，同步协调对地观测数据资源和技术支持。高分技术应用中心迅速组织技术力量，解译“高分一号”卫星获取的洪灾前后灾区高分辨率光学遥感数据，生成了大范围、高分辨率和高实效性的遥感专题图，为全面了解洪水淹没情况提供了第一手资料，为应急决策提供了有力的支持。在后续救灾阶段，“高分一号”数据应用于农损评估、房屋损毁评估、物资保障、交通领域、重要水利设施健康普查，为灾后恢复提供了遥感信息服务[52]。

截至2013年12月底，“高分一号”卫星共向用户部门提供了2米/8米影像247 731景，16米影像75 766景。

2014年8月19日，“高分二号”卫星顺利进入预定轨道，这是目前中国分辨率最高的光学对地观测卫星，使国产光学遥感卫星空间分辨率首次精确到1米，标志着中国遥感卫星进入了亚米级“高分时代”，具有重要的里程碑意义。“高分二号”卫星具有高定位精度和快速姿态机动能力，主要用户为国土资源部、住房和城乡建设部、交通运输部、国家林业局等部门，同时还将为其他用户部门的有关区域提供示范应用服务。高分系列卫星将打破中国高分辨率对地观测的数据长期依赖进口的局面。由于国产卫星的快速进步，国外同类卫星数据逐渐从“天价”降低到“平价”[53]。

“高分二号”卫星图像分辨率高，纹理清晰，层次分明，信息丰富。图3-12是“高分二号”卫星采集的上海浦东新区1米融合影像，图中凸显了黄浦江东岸的东方明珠、金茂大厦等大型建筑及其阴影，陆家嘴绿地的造型一览无余。图3-13是“高分二号”卫星采集的迪拜著名地标性建筑哈利法塔1米融合影像，该图直观显示了哈利法塔的外部轮廓与周边环境。

2.海洋系列卫星提供立体海洋观测服务，在全球海洋监测中发挥独特作用

中国已发射了3颗海洋系列卫星，包括海洋水色监测卫星“海洋一号”（HY-1）A、B卫星及海洋动力环境监测卫星“海洋二号”（HY-2）卫星，可为实现“建设海洋强国”目标提供立体海洋观测服务。

图 3-12 “高分二号”卫星采集的上海浦东新区影像

数据来源：中国资源卫星应用中心（2014 年 9 月 25 日采集）

图 3-13 “高分二号”卫星采集的迪拜哈利法塔影像

数据来源：中国资源卫星应用中心（2014 年 8 月 26 日采集）

“海洋一号”系列卫星分别于 2002 年、2007 年发射，用于海洋水色环境监测，空间分辨率为 250 ～ 1 100 米，时间覆盖周期为 1 天。“海洋一号”卫星作为中国首颗海洋业务观测卫星，填补了中国卫星海洋遥感领域的空白，使得中国在海洋环境监测与保护、海洋灾害监测与预报、海洋资源开发与管理、海洋科学研究及国际与地区合作水平等方面都上了一个新的台阶。以“海洋一号”B 卫星为例，自卫星发射至 2012 年 4 月 10 日，其五年来对中国近海区域与陆地探测 3 759 次，境外探测 4 499 次，覆盖亚洲、欧洲、非洲、美洲、大洋洲、南极洲，太平洋、印度洋、大西洋、北冰洋，向海洋管理部门、科研院所、高等院校、业务部门等国内 31 家单位分发了大量产品数据。

2011 年 8 月发射的“海洋二号”卫星是中国首颗海洋动力环境卫星，包括 3 个载荷，分别为微波散射计、雷达高度计、微波辐射计。当前，该卫星是国际上唯一一颗可全天候、全天时同步获取全球海面高度、有效波高、海面风场、海面风速、海面温度、大气水汽含量、云中液水含量等多种遥感数据的卫星，在全球海洋观测中承担着重要作用。该卫星获得的全球大洋实况资料数据是中国离岸海域唯一的自主观测数据，在预报业务系统、海洋防灾减灾和海洋公益服务中发挥着不可替代的作用，极大地提升了中国的海洋观测能力 [54]。

专栏二十四

海洋卫星应用领域及案例

第一，海洋卫星主要应用领域。

海洋水色遥感监测海洋水质指标，包括悬浮物含量、水体透明度、叶绿素 a 浓度、溶解性有机物、水中入射与出射光的垂直衰减系数等，可为海洋环境治理与资源开发提供科学依据。

海洋动力环境监测海洋卫星提供的海面高度、有效波高、风速和温度等信息，为海况数值预报提供了重要观测数据。

大洋渔业资源开发，利用气象、海洋卫星监测海面温度，为有效寻找鱼群，尤其是大洋金枪鱼渔场渔情预报提供了科学依据，极大地支持了渔业发展。

海洋灾害和海岸带状况监测，利用高分及其他卫星监测海洋赤潮、浒苔、海上溢油、海冰等信息，利用高分辨率卫星影像和 Google Earth 对中国海岸带及近海使用现状进行监测，为科学管理海岸带和近海海域利用提供了重要信息。

第二，“海洋二号”卫星应用案例。

2012 年第 15 号台风在其还是热带低压时，“海洋二号”卫星就已经捕捉到了它在菲律宾以东洋面上的形态特征，为分析研判及预报提供了决策依据。随后，气象部门正式对其进行编号并命名为“布拉万”。“海洋二号”卫星准确捕捉到了“布拉万”中心的位置并跟踪监测其路径变化，并将监测结果发送到海洋预报部门，大大提高了台风预报的精度和准确性。图 3-14 为“海洋二号”卫星获取的“布拉万”台风海面风场监测产品。

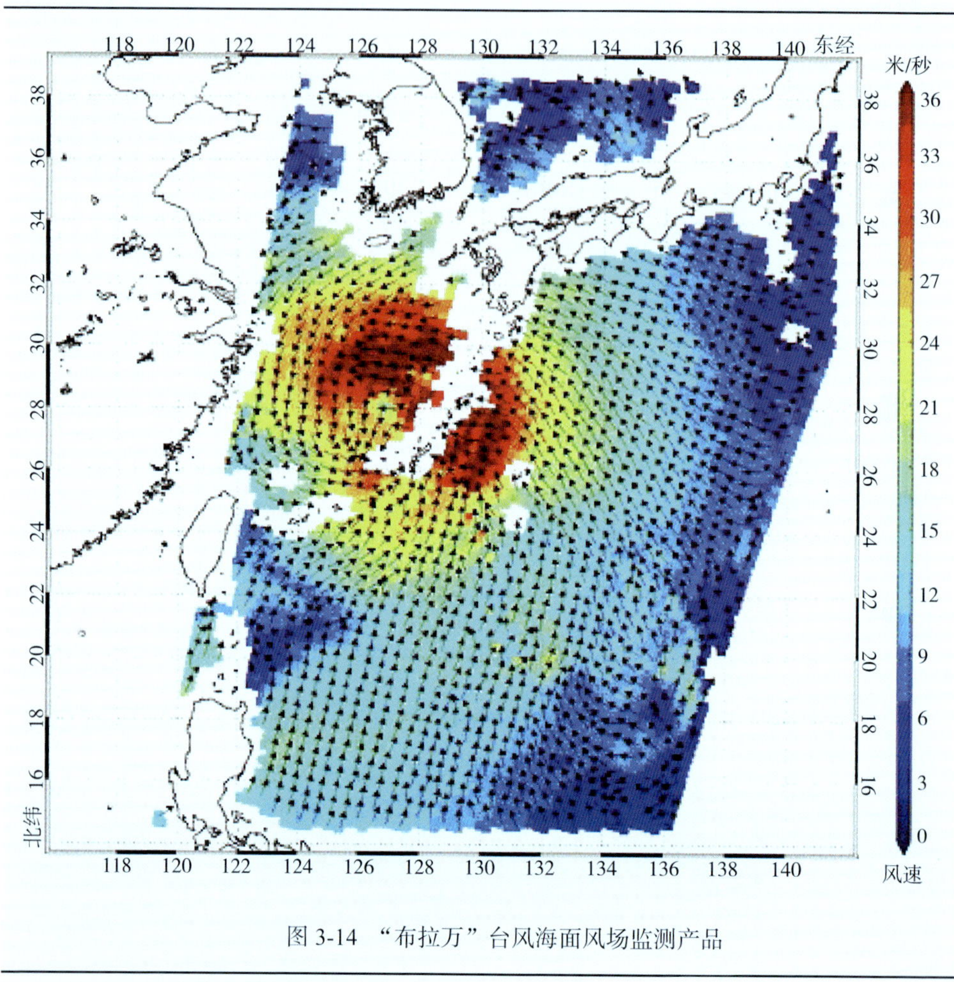

图 3-14 “布拉万”台风海面风场监测产品

3.气象卫星系列实现业务化运行，初步进入国际先进行列

中国首颗气象卫星“风云一号”A 星发射于 1989 年，经过近 25 年的发展，风云系列气象卫星实现了从“试验应用型”到“业务服务型”的转变，已成为全球对地观测业务卫星序列的重要成员（图 3-15），与欧美等的气象卫星一起，形成了对地球大气、海洋和地表环境的全天候、立体、连续观测的卫星观测网，增强了人类对地球系统的综合探测能力 [55]。

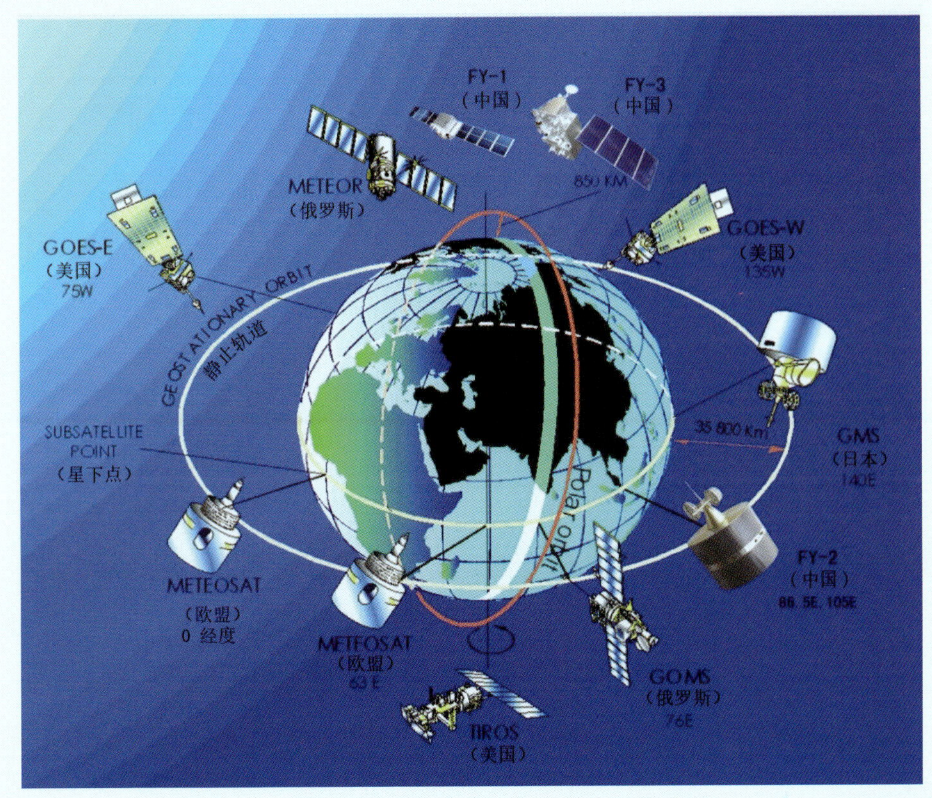

图 3-15　国际气象组织的业务卫星序列

专栏二十五

气象卫星资料在台风监测与预报中的应用

气象卫星资料的综合应用（图 3-16）对台风预报精度和时效的提高具有重要作用，显著提升了台风防御能力，极大减轻了台风灾害造成的人员伤亡和直接经济损失。1991 ~ 1997 年，登陆台风共计 53 个，平均每个台风造成的直接经济损失约 47 亿元。1998 ~ 2002 年，登陆台风共计 31 个，平均每个台风造成的直接经济损失约 29 亿元，造成的人员伤亡大幅下降，直接经济损失相对减轻。

以 2012 年登陆中国的强度最强的台风“海葵”为例，由于预报预警服务及时、防御得当，与历史相似台风相比，其造成的损失相对偏轻，特别是在人员伤亡方面，遭到正面袭击的浙江省在“海葵”影响期间无人因灾死亡，气象服

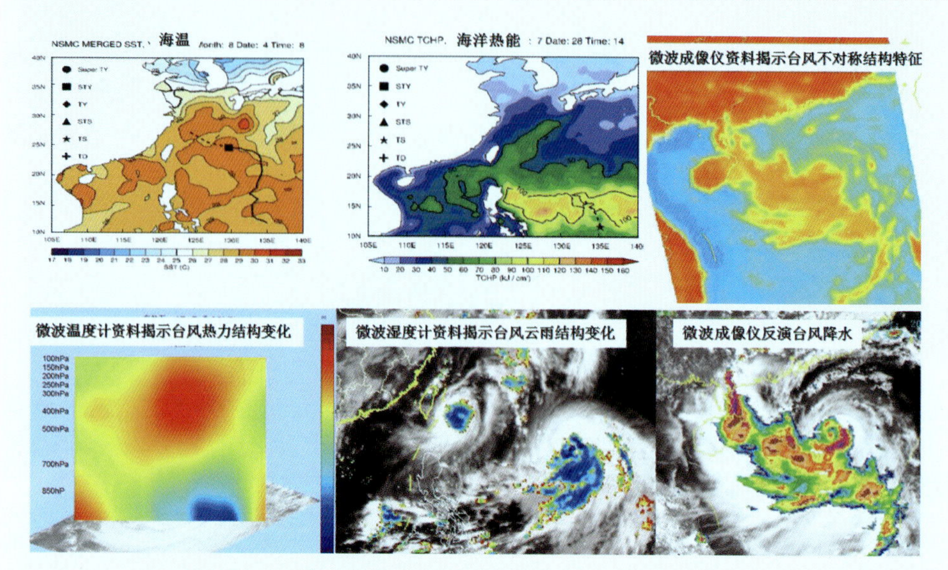

图 3-16　气象卫星资料的综合应用

务效果显著。

风云气象卫星系列分为极轨和静止轨道两类，截止到目前，共有 6 颗卫星在轨及在研。静止轨道气象卫星“风云二号”实现了双星观测、在轨备份；“风云三号”是中国第二代极轨卫星，处于世界同期先进水平行列，目前有 3 颗卫星在轨组网观测，可实现 1 天 2 次覆盖。“风云四号”卫星正在研制，预计在“十二五”末期发射。

专栏二十六

气象卫星应用于环境与灾害监测

除气象观测与预报外，气象卫星数据应用领域也十分广泛，以下为中国风云系列气象卫星在环境监测中的一些应用案例。

（1）利用气象卫星对太湖蓝藻进行监测、评估，为太湖蓝藻治理提供数据支持。图 3-17 的卫星数据序列评估产品表明，2008 年以来，太湖蓝藻水华现象呈逐年快速下降趋势，显示了蓝藻治理的成效。

（2）利用气象卫星开展重大灾害与事故遥感监测。

“风云三号”卫星多次在全球重大灾害监测中发挥效益，包括飓风、沙尘暴、重大森林草原火灾（如美国洛杉矶森林大火、俄罗斯远东地区森林大火、澳大利亚森林草原大火、希腊森林大火等）、特大洪涝（如巴基斯坦、泰国等）、重大雪灾（如美国、欧洲、俄罗斯等）、干旱（如美国、朝鲜等）、火山爆发与火山灰云（如冰岛、智利、意大利、菲律宾等）、海洋藻类（如波罗的海）、海洋溢油（如墨西哥湾等）。图 3-18（a）为 2010 年 7 月 1 日“风云三号”气象卫星监测墨西哥湾北大西洋飓风的图片，图 3-18（b）为 2010 年 9 月 13 日“风云三号”气象卫星获取的中东地区沙尘监测图像。

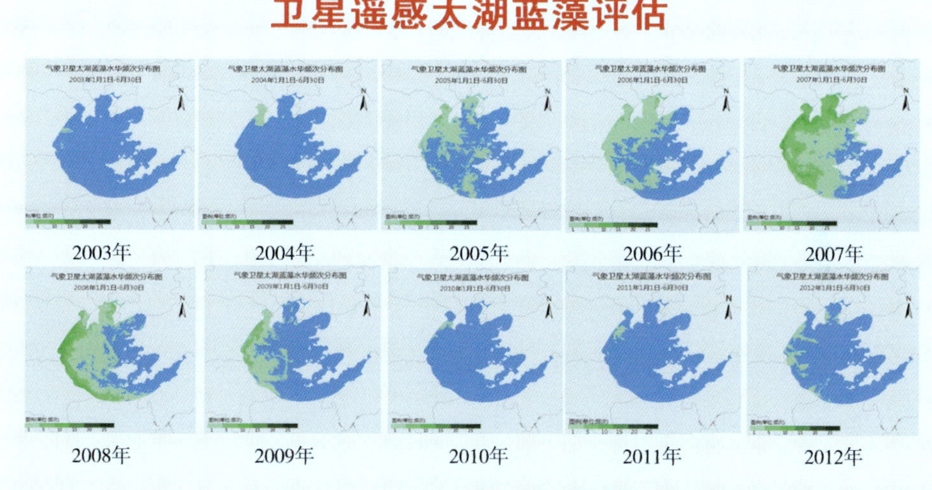

图 3-17　气象卫星太湖蓝藻水华频次变化趋势

资料来源：中国气象局国家卫星气象中心

图 3-18　气象卫星应用于重大环境灾害与事故遥感监测

经过多年的发展和应用，气象卫星资料已被证明在气象、海洋、航空航海、农林牧渔业、防灾减灾、环境保护、水文、石油、工程建设及军事等应用领域具有十分重要的价值，尤其在灾害天气预报和监测、自然灾害监测和评估，环境保护治理等方面，气象卫星以其宽广的视野、密集的观测频次，为人们提供了不可替代的工具手段。气象卫星的应用范围已深入到国民经济的多个行业领域，服务对象包括决策服务类（政府有关部门，如森林防火、防汛抗旱、环境保护、农林水利等）、专业服务类（企业、事业单位）、公众服务类（电视、网站等）。

4.环境减灾小卫星星座组网运行，提升了环境及多种灾害动态监测能力

环境和灾害监测小卫星星座目前由 2 颗光学成像“环境一号”A/B 星（HJ-1-A/B）和 1 颗合成孔径雷达卫星“环境一号”C 星（HJ-1-C）组成。HJ-1-A/B 星于 2008 年 9 月 6 日成功发射，2 颗卫星运行于同一轨道平面内，载荷主要包括宽覆盖多光谱可见光线阵电荷耦合组件（charge-coupled device，CCD）相机、可见光近红外超光谱成像仪及红外相机，卫星数据特点包括宽覆盖和重复观测周期性好等，最大观测幅宽达到 700 千米，单景“环境一号”A 星的 CCD 影像覆盖区域接近于 4 幅陆地卫星专题制图仪（thematic mapper，TM）影像的范围，一景影像或 CCD1 与 CCD2 拼接影像基本可以覆盖一个景观单元、省级行政区，有利于对大范围生态环境进行同步观测，2 颗卫星协同，在不考虑云覆盖等影响的情况下，可实现 2 天 1 次全国覆盖。“环境一号”C 星于 2011 年 11 月 19 日发射，为中国首颗民用合成孔径雷达卫星，也是国际上首个提供 S 波段微波成像数据的卫星，具备全天时、全天候动态监测能力。

环境减灾小卫星星座是独具特色的环境与灾害监测卫星系统，具备中分辨率、宽覆盖、高重访的灾害监测能力，能够对灾害、生态破坏、环境污染等进行大范围、全天时、全天候动态监测，具备较强的灾害监测业务化能力、大范围灾害监测评估和综合监测评估能力，以及区域与全球服务能力，为紧急救援、灾后救助及恢复重建和环境保护工作提供了天基决策支持，在国内外多次重大自然灾害与反映环境质量状况和趋势中得到了广泛应用，已有效纳入到灾害监测预警、灾情评估与环境监测、质量状况评价等减灾救灾业务体系中，成为减灾救灾科学决策必不可少、持续稳定、自主性强的重要数据源。

专栏二十七

环境遥感应用业务领域及案例

第一，主要应用领域。

卫星遥感可快速获取大范围、立体性监测数据，信息量大、效率高、适应性强，并具有动态监测能力，综合高、中、低分辨率各类卫星数据开展环境遥感监测，具有其他手段不可替代的优势。其主要业务领域如下。

（1）环境遥感监测业务化运行：水华、叶绿素、悬浮物、透明度、水温、水环境质量（富营养化）/ 气溶胶光学厚度、雾霾、细颗粒物（PM2.5）、大气

环境质量评价 / 全国生态环境质量遥感动态监测 / 城市、自然保护区、重要生态功能区等遥感监测与评价。

（2）环境监察遥感应用：全国秸秆焚烧监测、矿山开发、大型工程施工监察、自然保护区监察、核电项目建设进展监管、核电站温排水遥感监测等。

（3）环境应急遥感监测应用：蓝藻暴发、近海赤潮、突发环境事件应急、溢油、沙尘、地震、泥石流灾害等。

（4）环境影响评价：工程施工前评估、过程监理、竣工验收。

第二，应用案例[56]。

（1）霾遥感监测。

目前，霾已经成为中国城市地区尤其是城市群地区的重要空气污染。霾主要由细微颗粒构成，在可见光波段对太阳入射光散射强烈，可以在剔除地表影响后，利用光学厚度阈值识别出霾。霾的卫星遥感探测可采用地表反射率库方法进行。图 3-19 为霾专题图示例。

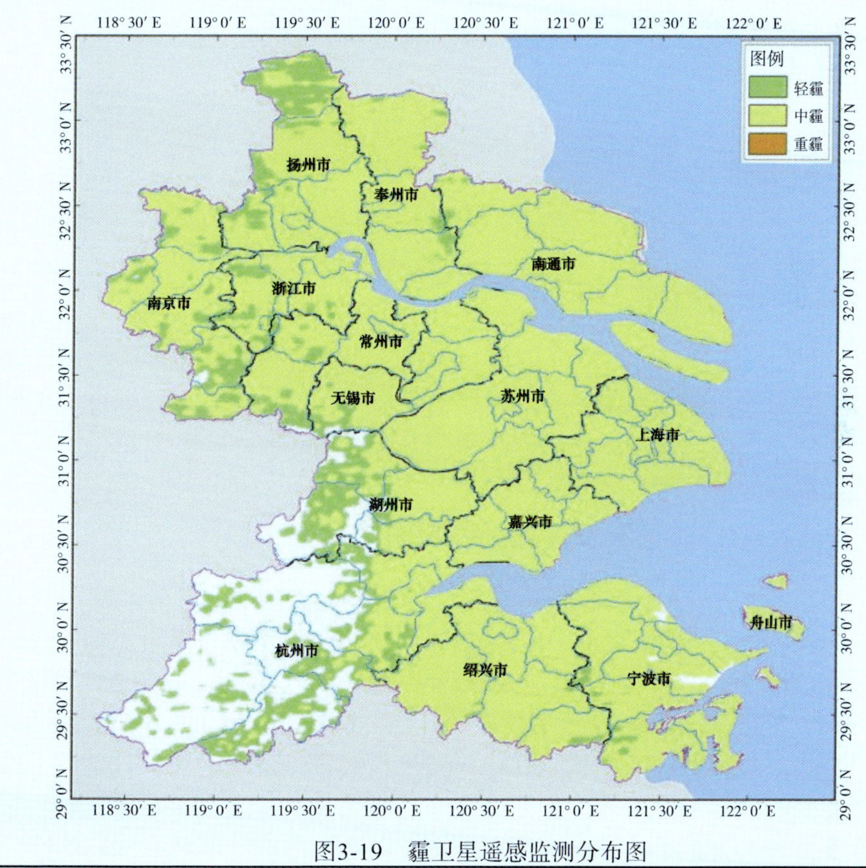

图3-19　霾卫星遥感监测分布图

（2）火灾监测。

2013 年 10 月 17 日，澳大利亚新南威尔士洲发生大面积丛林大火，图 3-20 展示了大火前后“环境一号”A 星拍摄的该地区影像变化情况。

图 3-20　HJ-1-A 卫星拍摄的澳大利亚丛林大火前后影像

（三）中国卫星遥感产业现状分析

1.遥感卫星平台长寿命、高可靠性能提升，遥感卫星性能长足发展

中国遥感卫星平台的可靠性和寿命显著提升，最近十多年来民用遥感卫星平台在轨工作时间都超过了原设计指标，有的甚至是设计寿命的 2 ～ 3 倍，如“风云一号”D 业务星在轨运行 10 年，卫星平台综合遥感能力大幅提高。微波遥感、红外遥感、紫外遥感、红外面阵焦平面探测及红外和微波辐射定标等技术快速发展，遥感由被动发展到主、被动并存，如“海洋二号”卫星配置了主动探测仪器；光谱分辨率由低向高发展，空间分辨率也有很大提升。

2.遥感应用日益广泛而深入，应用技术体系初步形成

中国的对地遥感卫星发展比发达国家晚大约二十年，但遥感应用启动较早。目前，中国已形成民用遥感卫星地面接收站网、处理和应用体系架构，遥感应用开始由完全依赖国外卫星向国内外卫星并用，逐步向以国内卫星应用为主的方向发展。由于卫星遥感不受地域、国界的限制，具有全天时、全天候、质量一致性好等特点，卫星遥感在中国国民经济各行各业的应用日益广泛，卫星遥感行业应用体系逐步建立，业务化运行能力显著增强。多层次遥感数据获取、数据分析与处理、遥感数据综合应用能力基本形成，各行业遥感应用技术

体系初步形成。以国土、海洋、气象、环境、减灾为代表的重大行业卫星应用逐步进入多尺度、多要素融合及大数据量应用阶段。

中国的卫星遥感应用以社会公益化需求占主导地位，基于民用遥感卫星应用的商业化模式尚未形成。2010 年中国卫星遥感产业规模达到 23.5 亿元，国土资源监测、气象探测和农林监测三大领域是卫星遥感的主要应用市场，其中国土资源监测占据大部分市场。政府对数据应用的投入力度日益增加，国土资源第二次调查投入比第一次调查增长约 10 倍[57]。

未来，中国遥感卫星资源将不断丰富，同时，越来越多的部门提出了行业应用需求，大众应用蓬勃发展，卫星遥感产业发展需求将更加强烈。

3.高分市场主要被国外占据，基于自主遥感卫星的应用正在兴起

目前，中国国产卫星遥感数据质量整体上同国外相比还存在一定差距，高分辨率遥感卫星数量少，且高分辨率数据获取效率偏低、重访周期相对较长，数据标准与质量有待进一步提高，还远远不能满足国民经济和社会发展的需求，导致中国高分辨率遥感卫星数据目前仍主要依赖国外，成为制约中国遥感应用产业发展的瓶颈之一。

随着中国第一颗民用高分辨率立体测图卫星“资源三号”及高分辨率对地观测专项卫星“高分一号”、“高分二号”的成功发射，提供了大量米级的高分辨率数据，部分卫星影像质量已达到或接近国际先进水平，中国自主高分辨率卫星遥感数据应用实现了突破性发展，有力打破了国外垄断，大大降低了国外高分图像在中国销售的价格。但目前，中国国产高分辨率卫星在敏捷能力、探测手段及辐射、光谱等性能指标方面，还存在不少差距，市场竞争力相对较弱，产业化、商业化才刚刚起步。随着国家空间基础设施建设步伐的加快，中国在轨遥感卫星在数量、载荷种类、分辨率等方面将得到大幅提升，尤其是高分遥感能力将大幅提升，基于中国自主卫星的遥感应用将逐步成为产业发展主体。

4.遥感应用技术水平低，卫星遥感产业处于初级阶段

中国卫星遥感领域已经培育了较多从业主体，但总体上看，卫星遥感应用产业正由导入期迈向成长期。

卫星遥感产业的发展要靠应用技术的推动。中国目前仍存在数据处理手段落后、自动化生产能力不高，地面系统和应用软硬件依靠国外技术，卫星应用的自主软件极度缺乏，定量化标准化信息服务产品严重不足，中国科研与应用机构遥感数据应用技术研发针对国外卫星多，而针对国产遥感卫星应用的技术研发和应用服务少，国外遥感应用软件占领中国 90% 以上的市场，不仅制约了遥感应用与产业的发展，也形成了巨大的信息安全隐患。

卫星数据产品价值链短，国产数据产品应用模式单一、资源利用率低，增值服务领域与国外有很大差距。业务化应用水平低，中国卫星遥感主要应用领域的业务化应用需求达到100多项，但其中仅有不到10项真正实现了业务化应用；区域服务缺乏，城镇化、信息化急需遥感支撑，但地方遥感力量十分薄弱；商业化发展刚起步，尚未形成基于自主数据源的遥感应用产业体系，面向商业、大众的增值服务仍很初步；国际化市场服务则更加薄弱，对中国海外资产管理、全球资源开发、国际热点区域安全与应急保障等缺乏支撑。

总体上看，中国卫星遥感尚未形成政府、企业和市场良性互动的发展模式，卫星综合运管、数据共享及分发机制尚未形成，缺乏有利于产业化发展的数据政策，商业化模式不健全等问题，不能适应中国各领域应用和社会经济发展的迫切需求。

五、中国卫星及应用产业发展存在的问题

中国虽然已经发展成为世界航天大国，并正在向航天强国迈进，但中国应用卫星的水平和能力与发达国家仍有一定差距，卫星应用产业发展也相对落后。经济社会发展的迫切需求与空间基础设施整体能力不足的矛盾、发展脱节导致的资源不足与资源浪费并存的矛盾突出。中国民用空间基础设施领域的首部规划——《国家民用空间基础设施中长期发展规划》的制定，解决了中国民用空间基础设施领域的顶层规划问题，为应用卫星及卫星应用的长期持续稳定发展提供了保障。面对旺盛的应用需求，卫星及应用产业在面临着重大发展机遇的同时，也面临着巨大的外部竞争压力，存在一些急需解决的问题。

（一）卫星系统能力不足，多个领域依赖国外卫星服务

中国空间基础设施建设尚处于起步阶段，应用卫星的数量、布局和综合能力与中国发展战略要求以及呈几何级数增长的应用需求极不相称，卫星总体性能和技术水平与国外先进国家相比还存在较大差距，自主数据源服务保障能力低，一些急需领域尚处空白，导致严重依赖国外卫星服务，大大制约了中国卫星应用技术水平、应用深度和效益的提高及卫星应用产业的发展。

中国固定通信卫星容量低、带宽资费高，卫星通信作为地面通信的备份仅停留在骨干节点之间；目前为止尚无自主的移动通信卫星、宽带多媒体卫星在轨运行，相关应用主要依靠国外系统，应用发展受到一定的限制。北斗卫星导

航系统的服务覆盖范围、服务精度和连续稳定服务能力与美国 GPS 相比仍存在很大差距，推广应用和产业发展面临严峻挑战。中国尚未建成高中低分辨率互补、短重访周期的综合性对地观测系统，遥感卫星结构和综合探测能力和业务服务能力不能满足需求，同时，面对日益扩大的商业需求市场，高分辨率数据满足度更低，目前国内高分辨率遥感应用 80% 以上仍依赖国外卫星。

（二）卫星应用和产业化发展滞后，面临激烈的国际竞争

由于中国卫星资源有限且发展不平衡，尚未形成稳定连续的空间资源和信息产品，地面应用发展受到一定的制约，在卫星通信、导航和遥感商业化领域都面临着激烈的国际竞争。卫星通信广播与国际卫星通信的高度商业化相比，产业化发展水平较低。卫星导航产业严重依赖 GPS，自主生产的导航器件和产品与国外先进水平相比在性能和价格上都处于劣势，应用与服务技术落后 8 ～ 10 年，同时，北斗卫星导航产业规模小、布局散、水平低，面临其他全球卫星导航系统的激烈竞争。卫星遥感尚未形成基于自主信息源的、较完整的遥感应用体系，数据连续性和保障程度低，遥感综合应用、定量化应用能力相对滞后，卫星遥感应用模型和算法研究主要基于国外卫星数据，严重束缚了中国自主卫星应用技术体系及遥感数据增值产品和服务的发展。

（三）缺乏强有力的统一管理机构和国家级航天法律法规保障

中国卫星及应用领域缺乏强有力的统一管理机构与机制，且缺乏国家级法律法规，如航天法、国家数据政策等仍有待制定，卫星及应用统筹规划和共享的政策保障不足，部门协调、军民协调机制不完善，多头管理、分散策划，资源与数据共享严重不足。

例如，在卫星通信领域，中国多个部门、行业都建有卫星通信网络，基础电信运营商的卫星通信系统主要提供骨干节点之间的通信备份和公众应急通信服务，部门网络只负责本行业的通信需要，各部门不同系统采用的技术体制不同，不能实现资源的统一调配和系统间的协同；在民用卫星遥感领域，发展了若干行业卫星系统，并根据行业业务需求分头运行管理，相关行业节点式地建设和发展了若干相对完善的独立业务应用，但是卫星及其地面应用系统之间缺乏统筹和共享，互相之间的联通、融合性较差，信息分散在各个行业部门，未建立起统一、规范的国家卫星遥感元数据库及共享分发机制，大量信息难以得到充分利用。卫星导航领域地面设施重复建设现象严重，运行参考站很多但尚未形成统一的多模连续运行参考站网。国家民用空间基础设施规划的制定，为解决这些问题提供了强有力的保障，但解决这些问题仍需要进一步加强体制机

制创新和实施推进，尤其是航天立法问题，需要认真研究、加快推进。

（四）产业政策不完善，产业化、商业化、国际化进程缓慢

在卫星应用走向大规模应用、商业化应用的今天，基于市场发展应用卫星和卫星应用是分担建设风险、提高应用效益和产业价值的必要手段。中国卫星及应用产业投入与建设力度亟待加强，但投资渠道相对单一，虽然近年来商业化发展逐渐起步，尚缺乏清晰的商业化、产业化发展政策和运营模式，各类资金、企业投入航天产业的良好发展环境尚未形成，在一定程度上制约了中国卫星应用产业尤其是自主卫星的应用和产业化发展。

具体而言，在卫星通信领域，由于政策限制，卫星直播电视的行业支撑和带动作用未能得到发挥；在卫星导航领域，促进北斗卫星导航产业发展的政策有待进一步完善，在技术转移、出口控制、保密、产业发展、对外投资、税收优惠等领域的具体政策支持尚待进一步落实；在卫星遥感领域，其产业发展缺乏国家数据政策规范，商业化政策有待进一步制定、落实，旺盛的市场需求尚未能转化成对产业的强大拉动。

（五）标准化进程缓慢，标准规范存在缺失和滞后

中国卫星及应用方面还没有形成完整、有效的标准体系。中国卫星通信广播系统标准共有 113 项，但其中 2000 年后制定的标准只有 13 项；在卫星导航方面，中国已经发布的导航类标准有 29 项，但远不能满足产业发展对标准的需求，同时，北斗卫星导航系统没有类似于移动通信国际标准的支持，系统建设者和应用受益者不对称；在卫星遥感方面，目前制定的标准大部分是遥感作业标准，卫星遥感信息标准化进程缓慢，标准缺位导致中国开发的遥感数据产品缺乏统一性和协同性。

第四章

中国航天战略性新兴产业发展需求

经过近年来的快速发展，中国空间技术取得了巨大进步，以通信卫星、导航卫星、遥感卫星为代表的多类应用卫星已经不同程度地具有连续稳定运行的能力，部分实现了业务化应用；与此同时，卫星应用深度与广度快速拓展，卫星应用已经进入了日常生产和生活，在国民经济发展和人民生活中发挥了不可替代的作用。中国国家战略及经济社会发展各领域对卫星及其应用产业发展提出了更加强烈而旺盛的需求。

一、中国卫星及应用产业发展的总体需求

基于中国国家发展战略和经济社会各领域发展要求，结合中国当前卫星及其应用的发展现状和发展阶段，中国卫星及应用产业发展的总体需求如下。

（一）具备自主可控、长期持续稳定的服务能力，满足国家战略和可持续发展需求

未来二十年，是中国转变经济发展方式，以信息化带动工业化，建设创新

型国家，促进经济社会集约、持续、和谐发展的战略机遇期。空间信息是国家信息体系不可或缺的重要环节，空间信息获取、传输、处理与应用能力是信息化建设的重要组成部分。随着中国各行各业对空间信息、卫星应用的需求不断扩大，卫星应用业务系统的正常运转、卫星应用的产业化发展需要长期、稳定的空间资源保障，需要统筹谋划，建成长期连续稳定运行且自主可控的业务系统，建立相应的快速反应体系，为保障国家安全、维护国家权益，促进国家信息化建设和经济社会可持续发展，促进经济发展方式转变奠定基础。

（二）建设体系化、集成化、协调共享的空间基础设施和应用服务体系，满足经济社会发展的综合性应用需求

社会经济发展使得各领域对空间信息、通信和导航能力的需求是综合的。以遥感为例：一个领域的需求，往往需要通过高中低各种分辨率，光学、红外、微波等载荷，卫星、临近空间、航空等不同平台进行综合观测满足，如防灾减灾需要对自然灾害系统的孕灾环境、致灾因子、承灾体和灾情进行持续监测，这既涉及陆地监测、大气监测、海洋监测，同时也涉及对各类自然灾害及灾害演变过程的持续监测，所以既需要中低分辨率、大范围观测，也需要对成灾地区的高时效、高分辨率观测；同时，一种类型的观测平台可以满足不同领域的需求。例如，陆地资源卫星的图像广泛应用于气象、资源勘测、土地利用、农业、林业、地质学、区域规划、测绘等方面，包括陆地观测、海洋观测、植被观测和冰雪探测等。建立天地一体化的国家空间基础设施，通过空间平台的统筹建设、有效载荷的统筹发展、地面综合服务系统的统筹规划，建立多系统相互配合，具备高空间分辨率、高光谱分辨率、高时间分辨率的综合观测系统，导航、通信、遥感融合，实现各类空间信息的相互融和、相互补充和综合应用，提供有效的共享服务，以最经济的方式实现资源的有效利用。

（三）具备全球覆盖和服务能力，满足全球化发展战略和全球性问题应对需求

应对全球性问题，需要发展具有全球观测和通信导航能力的空间信息系统。目前，全球性问题困扰着人类社会的发展，解决资源、环境、粮食安全等重大问题，需要将地球作为一个整体来研究，并进一步将地、月、日三者关联起来，从“地月日大系统”的角度和多时空尺度研究地、月、日三者之间的内在关联和相互影响[58]，对地球系统的自然变化和人类活动的影响因素进行评估、预测和控制。随着科技进步和空间技术进步，从全球性整体观、系统观和多时空尺度来观测地球成为世界趋势，发展具备全球观测和通信导航能力的

空间信息体系是大势所趋。世界上任何一个国家不可能也没有必要独自建设完整的全球性观测计划、建立完整的覆盖全球的空间基础设施，而是需要世界范围内的空间资源和空间信息共享。中国作为世界大国在应对全球性问题时承担着重要义务，中国陆地、大气、海洋是地球生态圈的组成部分，建立全球空间信息体系，是应对全球性问题，也是解决中国面临的可持续发展问题的重要手段。同时，发展全球性覆盖能力是参与航天及其应用领域国际合作与国际竞争的需要。

满足经济全球化和国家战略空间拓展要求，需要发展具有全球覆盖能力的空间基础设施及其服务体系。在全球经济相互作用日益加强，中国逐步成为世界主要经济实体的形势下，在全球范围内进行资源、产业互补的需求增强，国家发展需要对全球资源进行监测、评估和利用，在全球经济活动中做到知己知彼；中国企业也日益融入国际竞争，外交、经济和民间交往所及之处都对各类空间基础设施服务提出了需求。

（四）实现技术跨越，满足航天及应用技术创新、建设创新型国家的需求

与世界航天强国相比，中国卫星及应用的整体水平还存在较大差距，无论是技术水平、系统能力还是应用能力都相对落后。通过空间基础设施及应用的科学论证、统筹规划、体系谋划、持续发展，提高投入强度和稳定性，解决分散策划造成的同水平重复、应用效能低下问题，促进新技术创新与业务需求的互动，解决科研与业务脱节造成的技术创新储备及前瞻性弱等问题，解决天地不协同造成的应用技术与系统发展滞后等问题，将不断强化航天工业基础，突破众多关键技术，大幅提升中国航天器及有效载荷的设计、试验验证、制造与相关地面支持系统的技术水平，总体提升技术储备水平和自主创新能力，带动空间技术及其上下游相关技术领域的群体突破，有效促进中国卫星及应用技术的跨越式发展，加快中国卫星研制从试验应用型向业务服务型转变，显著拓展和提高中国空间系统的服务范围、能力和质量。

（五）促进产业升级，满足中国各领域大规模应用及大众应用需求

世界航天产业呈现出强劲的增长态势，其中商业航天产品与服务是航天经济中最大的收入来源，卫星导航与移动通信、互联网在一起成为发展最快的三大信息产业，卫星通信已经商业化，卫星遥感正在走向商业化，空间信息与互联网、物联网、大数据等其他信息技术融合形成的新型信息服务业正在兴起，

面向大众的应用服务不断涌现。顺应这一趋势和需求，需要建立持续稳定的空间业务系统，为中国卫星应用产业提供长期稳定的信息源，不断提升地面应用水平，为形成完善的卫星应用产业链提供保障；通过建设天地一体的空间基础设施，改变地面系统滞后发展的局面，促进中国自主卫星系统应用效能快速提升；通过创新空间基础设施建设和运营模式，引入多元化投资和商业化发展模式，发挥各方资源优势，提升应用效益，促进应用领域不断扩大、应用可靠性和确保性明显提高、大众化市场和产业化服务迅速形成，实现产业高速、跨越式发展。

二、卫星应用领域发展需求

（一）卫星通信应用需求

中国通信广播卫星应用涉及教育、广电、通信、交通、减灾、安全、农业等多个行业。各用户对通信广播卫星的应用需求可转化为相应的业务需求，即固定通信广播业务、移动通信广播业务等需求。

1.固定通信广播业务需求

1）传统固定业务

为满足现有固定业务的连续运行需求，需要及时发射新卫星以更新替代现有C频段、Ku频段通信卫星，保持空间资源的持续发展。随着中国广播影视节目高清化、超高清化、立体化及交互便携的加快发展，到2020年，广播影视传输业务量预计将达到6吉字节每秒。

随着中国在世界经济和社会活动中地位的提升和国家利益的拓展，驻外事务性机构、中资企业海外机构等国际间通信需求增长迅速；同时，中国主流媒体国际传播能力进一步增强、中华文化国际影响力持续提升，这均需要在中国静止轨道卫星可视弧段之外进行固定通信卫星的全球化布局。

2）电视直播业务

预计2015年直播广播电视卫星用户将达到2亿户以上，年运营收入600亿元以上，设备销售收入200亿元以上。为提升海外传播发行、落地覆盖能力，需构建广播电视节目全球卫星传输覆盖网络。

3）宽带多媒体业务

为缩小区域差距，促进三网融合，实现普遍服务，适应全球化发展，中国需要在发展地面宽带通信网络的同时，同步建设基于Ka频段的新一代宽带多媒体卫星通信网络，以满足互联网宽带接入、超高清、立体电视（影视）、广播节目的传输转发与直播、远程教育、远程医疗、数字内容投递，以及机载、船载宽带多媒体通信等多方面的需求。

国际上，Ka频段宽带多媒体卫星通信系统早已进入商用阶段，并在远程接入、区域性高清和3D电视直播方面形成了规模化的产业。中国已进行了多年的技术储备，教育部门已对卫星远程教育进行了多年的论证，民航部门也在积极推动商用机载通信应用，宽带多媒体卫星已具备了一定的业务应用基础。

2.移动通信广播业务需求

随着对外交流、外交活动、涉外经济活动越来越广泛和深入，为保障中国海外人员的生命财产安全、保障国家全球经济利益，中国迫切需要拥有自主可控的覆盖全球的卫星移动通信系统。预计中国未来卫星移动通信覆盖范围需求将从本国国土扩展至全球，潜在的用户数量达到1 300万户。

卫星移动数据广播系统具有覆盖面广、不受地面条件限制等特点，可以实现向中国及周边地区发布灾害应急信息、导航增强信息及移动多媒体信息等。中国目前尚无卫星移动多媒体数据广播系统，各类预警和应急信息主要依托电视、收音机和手机短信等地面通信方式发布，发布手段覆盖范围窄、抗毁性弱、发布能力有限，一旦地面供电等基础设施遭到毁坏，预警和应急信息将无法及时发布到用户，不能满足应急通信和抢险救灾等的需求。同时，为满足人们随时随地接收移动多媒体广播和信息传输的需求，需要建立移动多媒体数据广播商业化体系。

（二）卫星导航应用需求

目前，中国正在积极推进北斗全球导航卫星系统的建设，卫星导航市场广阔，航空、航海、车辆导航、测绘、精细农业及大众生活等对卫星导航的应用需求强烈。

1.室外导航定位服务需求

政府、企业、科研机构和社会大众等各类用户在电子政务、灾害监测、环境监测、地震、气象、空间科学、地球物理科学、交通、物流、精细农业等多领域对事后静态服务、事后快速静态服务、事后动态服务和实时服务都有着广泛需求，尤其是地震、测绘等行业，对精准定位的需求已经提高到实时厘米级、事后毫米级的泛在定位服务。迫切需要建立全国有效覆盖、合理布局的国家高精度卫星导航地面增强服务，提供高精度位置服务。

表 4-1 列出了不同应用对卫星导航系统的性能需求。根据不同类型用户的使用需求基础特征，导航用户可分为四类，分别为高完好性用户、米级用户、亚米级用户和厘米级用户，这四类用户的需求说明如下，具体需求指标如表 4-1 所示。

表 4-1 卫星导航系统用户需求

用户特征	行业	精度 /95%，米	完好性		
			报警误差门限 / 米	完好性风险概率 / 小时	报警时间 / 秒
高完好性用户	民用航空导航	16（H） 4（V）	40（H） 10（V）	$1\times10^{-9}\sim1\times10^{-7}$	6
	铁路导航监控	0.58	3	$1\times10^{-7}\sim1\times10^{-6}$	2
	水运航路导航	0.6 ～ 10	15	1×10^{-7}	6
米级用户	城市交通	1~2	3	1×10^{-5}	10
	林业	1~3	1.5	1×10^{-5}	10
亚米级用户	精密农业	0.3 ～ 1	3	1×10^{-5}	10
	滑坡灾害监测	0.2~1	1.5	1×10^{-5}	10
厘米级用户	测量、测绘	0.01 ～ 0.05	0.1	1×10^{-5}	10
	地震监测	0.01 ～ 0.05	0.1	1×10^{-5}	10

注：H 代表水平方向，V 代表垂直方向

（1）高完好性用户主要体现在与人员生命安全相关的应用领域，其对完好性要求很高，如民用航空导航、铁路导航监控、水运航路导航等。

（2）米级用户主要包括城市交通、林业等行业，其对精度和完好性都有一定要求。

（3）亚米级用户主要包括精密农业、滑坡灾害监测等领域，其对精度要求较高，同时兼顾完好性要求。

（4）厘米级用户主要包括测量、测绘与地震监测等应用领域，其更关注精度要求，对完好性要求较低。

2.室内导航定位服务需求

公共安全、生产安全、应急救援、公共卫生、物联网、特殊人群关爱、反恐维稳及个人应用等领域都需要使用准确的室内定位信息，如表 4-2 所示，特别是在应对消防、矿难等紧急救援及反恐防恐活动时，室内定位信息更显得尤为重要。无论是北斗卫星导航系统还是其他全球卫星导航系统，目前都存在卫星导航信号无法覆盖室内和城市峡谷地带、高程定位精度较差等问题，尚难满足行业和大众对广域室内外无缝位置信息服务的迫切需求。

表 4-2 室内外无缝应用典型场景

所属领域	典型应用场景
公共安全	机场、火车站、地铁站等大型公共场所人流量大，安全责任大。室内位置服务对于上述大型公共场所的安全管理与服务意义重大
生产安全	矿井安全问题是生产安全中的突出问题，社会关注度极高。全中国上万家煤矿，560万名矿工，基于位置信息的井下救援与管理已在矿井中逐步开始应用，起到一定积极效果，亟待进一步推广
应急救援	全中国 10 万余幢高层建筑（10 层以上），每年火灾 10 万余起，特重大火灾时有发生，室内位置信息对于掌握救援人员、被困人员及消防设施位置，提高应急救援效率意义重大
特殊人群关爱	室内位置信息可使监控人及社会救助力量实时掌握特殊人群位置信息，服务对象包括老年人关爱、儿童关爱、传染病人监控
物联网	货物管理、资产管理、人员管理、车辆监控等
个人应用	中国手机用户达 10 亿，随着移动互联网的蓬勃发展，LBS 需求旺盛，各种应用层出不穷：商业合作（LBS+ 团购、优惠信息推送）、休闲娱乐（游戏）、生活服务（与旅游结合、周边生活服务搜索）、社交（地点交友、即时通信、以地理位置为基础的小型社区）
反恐维稳	如美军利用手机定位信息，成功击毙基地组织重要人物等

3.能力提升需求

目前中国北斗卫星导航系统还存在核心技术不完备，关键产品和营运服务和国外差距较大，创新平台不能满足卫星导航系统应用技术、产品的研究和开发需求等问题。因此，有必要建立完备的创新体系，突破发展瓶颈，形成一批具有自主知识产权和核心竞争力的技术创新成果和较强国际竞争力的通用优势产品，确保产业有序、良性、持续发展。

（三）卫星遥感应用需求

中国遥感应用主要涉及科技、教育、公安、国安、民政、国土、环保、住房、城乡建设、交通、水利、农业、卫生、统计、林业、地震、气象、能源、海洋、测绘、区域、大众市场等多个应用领域的百余项典型业务应用需求。

1.保障国家各领域重大业务应用的需求

为保障和提升国家各行业、区域业务化应用能力，需要进一步加强天地一体化工程系统建设与应用。其主要包括：构建以遥感技术为支撑的现代化监管体系，支撑落实最严格的耕地保护制度，促进土地资源节约集约利用的需求；实施国家矿产资源及能源战略，支撑遥感基础地质调查与地质找矿快速突破，保障矿产资源与地质环境的可持续开发与利用，防范和减少地质灾害，服务全球资源战略决策的迫切需求；构建以自主测绘遥感数据源和应用系统为主的信息化测绘体系的需求；保障海洋权益，维护国土安全的需求；应对全球环境保护，构建美丽生态环境，建设资源节约型社会的需求；应对全球气候变化及气象监测、预报等业务对动态信息的需求；保障国家粮食和生态安全，农业、林业等业务运行中对多层次遥感动态数据信息的需求；推动我国城镇化与城市发展，实现精细化城市建设、城市管理的需求；实施最严格的水资源管理制度，有效应对水环境灾害，服务我国水安全与经济社会的可持续发展的需求；保障新时期公路、水路、民航、铁路、邮政等立体交通网发展的需求；为国家宏观综合决策、政府部门综合应用、电子政务业务部门提供空间信息的需求等。

未来土地、地质矿产、海洋资源和环境、灾害状况调查、监测、评估及监管，以及农业资源、林业资源、水资源、城市建设管理和电子政务建设等卫星遥感需求将呈持续增长趋势。预计未来十年，每年需要完成全球陆地海洋小、中、大比例尺调查，其中中比例尺调查约 3 000 万平方千米，大比例尺调查约 1 500 万平方千米，80% 的中大比例尺调查数据需要每年更新。

2.提升国家安全与综合防灾减灾能力的需求

日益严峻的人口、资源、灾害、环境等问题成为了人类生存与发展不可回避的重要问题。在全球气候变化背景下，自然灾害风险加剧，灾害形成机制、发生规律、时空特征、损失程度、影响深度和广度出现了新变化和特点。区域和全球尺度的灾害监测、评估与预警、管理与决策能力迫切需要提高，对广域、大尺度遥感观测数据获取，以及重点区域数据及时获取和快速反应提出了更高的需求。

3.满足日益扩展的商业化应用和社会服务的需求

推进市场化、建立新型商业服务模式的应用，需要为大型集团、中小企业、社会大众等不同层次的用户，提供不同模式的定制商品化服务解决方案，包括提供生产生态环境、地质灾害、大气环境等专题产品服务，提供生活家居、购物消费、出行、旅游等服务等，其特征是提供高清晰、快速反应、低成本、多样化和个性化的服务，需要 1 ∶ 5 000 到 1 ∶ 20 000 的各类遥感数据，覆盖蓝光、绿光、红光、近红外、中红外、热红外波段等。

4.满足地球系统观测与科研的需求

应对碳排放、环境保护、生态监测等全球性问题，推动地球系统相关重要科学技术的发展等，需要把地球作为一个综合系统进行全面观测，获取完备、精确、能正确反映地球五大圈层相互作用的全球数据集，供分析、模拟和模式预测检验。表 4-3 列举了卫星遥感各领域的主要用户需求。

表 4-3　主要遥感领域应用方向

领域	业务方向	领域	业务方向
国土	全国土地调查； 全国土地利用变更调查； 全国土地全覆盖监测； 全国土地状况调查监测； 地质矿产资源与地质灾害环境遥感调查与监测； 地质矿产资源全球化遥感调查； 地质灾害及重大地质事件应急响应	防灾减灾	灾害综合监测； 灾害高分辨率监测； 灾害应急监测； 灾害大范围监测； 关键天气变量监测； 关键气候变量监测； 关键灾害和环境变量监测
海洋	海洋防灾减灾； 海洋维权执法； 海洋环境保护； 海岛管理； 海域使用管理； 海洋资源调查与服务； 极地与大洋科学考察	农业	农作物动态监测； 农业区域发展规划与布局； 农业资源调查； 农业环境监测； 农业防灾减灾； 农业生产监管与服务； 境外农业生产监测
地震	遥感地震构造调查； 遥感地震监测预报； 遥感地震灾害监测和跟踪	气象	气象预报； 大气环境监测； 气候和气候变化； 气象灾害
测绘	基础测绘； 全球地理空间信息获取与服务； 地理国情监测； 应急测绘保障	林业	森林资源监测； 野生动植物保护； 林业生态工程监测； 森林灾害监测； 境外森林资源调查
环境	减排体系建设； 环境监测（水环境、大气环境和生态环境）； 生态保护和环境监管； 环境风险防控与应对能力提高； 核与辐射环境安全监管； 服务环境外交与履约，提高全球环境监测能力	水利	水资源监测； 水土保持监测与评价； 水利工程建设管理； 国际河流管理
交通	全国路网与交通基础设施调查； 重点城市群、全国交通生命线、交通走廊交通流监测； 全国公路域环境监测与评估； 路面沉降监测及路基稳定性评价； 公路勘察设计、区域交通规划； 航道环境变化监测、船舶监测； 港口规划与设计、港区变化监测； 重点海域和远洋航道监测、北极航道等新航道开辟； 机场规划设计、机场周边环境监测	科学研究	农药残留遥感监测技术研究； 土壤重金属遥感监测技术研究； 全球变化监测； 地球大气环境； 地球海洋环境； 全球碳循环； 全球水循环； 生物地球化学参数； 人地相互作用研究
统计	农业统计遥感； 人口普查与城乡住户调查； 经济统计与普查； 投资统计调查； 统计用区划和城乡划分工作； 碳汇遥感统计； 生态资产调查与价值评估	住建	城市规划； 城市建设
		大众应用	各类生活服务、个人定制等空间信息产品、服务

通过对各领域遥感用户具体需求的调研和综合分析，归纳出中国现阶段到未来十年卫星遥感需求的三大特点如下。

（1）观测全谱段化与精细化。

各行业需求涵盖了从紫外、可见光、红外到微波的遥感全谱段，并提出激光、微光、荧光、电磁及重力等观测需求。

光学观测需求旺盛、应用面广、规模化需求强烈，在红外高光谱 / 超光谱谱段有大量新型应用需求。SAR 载荷在 P、L、S、C、X 等波段均有广泛应用需求；其他微波遥感载荷在大气、海洋及部分陆地观测业务中应用广泛。

定量化应用对波谱特性与成像指标提出高要求，对多种高分辨率综合观测和敏捷能力协调配合有明确需求。

（2）空间分辨率多尺度并存，高定位精度需求明显增加。

空间分辨率需求涵盖了从亚米级到 10 千米以上各级分辨率尺度。高空间分辨率以米级、亚米级为主流，业务应用及产业化需求旺盛。宽覆盖中空间分辨率、低空间分辨率业务应用日趋成熟与完善。

影像定位精度形成系列，包括无控制点定位精度（最高 10 米级）、几何精校正精度（最高到亚像元级）、测绘级定位精度（1 ∶ 5 000、1 ∶ 10 000、1 ∶ 50 000、1 ∶ 100 000 等比例尺）。部分应用在保证高空间分辨率、高定位精度的同时要求有三维立体测量、干涉测量能力，同时通过重力、电磁等新技术研究逐步实现地壳结构三维层析成像能力。

（3）观测时效性大幅提升，快速重访与大范围区域覆盖并存。

各领域应用向全天时、全天候观测过渡，观测时效需求涵盖了分钟、小时、日、月、年等多级时间尺度。大气、灾害观测要素变化较快，高时间分辨率观测是基础，特别集中在分钟和小时级需求上。空间天气对电离层状态有近实时监测需求。地震监测对电磁、重力等地球物理场动态有近实时监测需求，重大自然灾害应急对 20 米左右空间分辨率的光学和 SAR 数据有近实时监测需求。日级观测需求主要集中在中空间分辨率宽覆盖观测和高空间分辨率重访观测上。月、年级的观测需求集中在大区域全覆盖和高分辨率精细观测上。

第五章

航天战略性新兴产业培育与发展的主要途径

基于中国经济社会发展对航天战略性新兴产业的需求和航天发展的阶段特点，本章主要提出中国未来十年航天战略性新兴产业培育与发展的策略、路径和发展重点，以及支撑其发展的关键技术方向。同时，也提出了航天技术在节能环保、信息技术等领域转化应用的重点方向。

一、发展思路和策略

航天战略性新兴产业培育与发展的基本策略是“服务好应用”和“产业化发展”。遵循世界航天发展规律，把握中国卫星及应用产业转型关键期机遇，围绕经济社会发展重大战略需求和各领域具体业务应用需要，突破产业发展的瓶颈制约，以满足应用需求、培育服务新业态、促进产业发展为核心，建设长期稳定、体系化发展的空间基础设施，形成先进、高效的卫星应用产业体系为主线，促进卫星制造、地面设备、卫星应用及运营服务全产业链协调发展，实现卫星通信、卫星导航规模化发展和卫星遥感业务化服务和商业化发展的目标。总体上看，卫星及应用产业发展思路如下。

（一）以服务应用为出发点建立集约高效的空间基础设施

以满足中国未来经济社会发展的重大应用需求为宗旨，综合考虑政府、行业、企业和公众对空间基础设施不同层次的应用需求，优先解决制约经济社会发展和影响国家安全的瓶颈问题，优化设计和建设适合中国国情的空间基础设施。着力解决卫星系统建设与业务应用脱节等问题，坚持空间系统与地面系统同步发展，应用系统适度超前发展，建立天地一体、集约高效的设施体系，提升资源共享能力和系统整体效能，实现建好、用好双重目标，有效支撑和促进空间基础设施的业务应用和产业发展。

（二）以自主创新为立足点大力提升卫星及应用技术水平

以促进航天技术跨越、支撑创新型国家建设、掌握产业发展主动权为目标，坚持系统创新、技术超越、前瞻部署，发挥国家重大专项引领作用，加强技术储备，突破制约发展的核心关键技术，建设具有国际先进水平的空间基础设施。大力加强基于自主卫星及数据的地面及应用系统技术创新，强化自主知识产权卫星数据、产品和系统的推广应用，全面掌握卫星应用产业链核心技术，掌握卫星应用产业链高端环节，充分发挥航天技术的带动效益。

（三）以国家政策规划为保障促进卫星及应用产业持续发展

作为国家战略性产业，政府的战略引领和政策保障对航天发展尤为重要。应加强国家顶层规划和统筹管理，建立、完善国家航天政策和法律法规体系，加强卫星及应用领域的标准体系建设，规范空间基础设施的统筹建设、共享共用和稳定发展。加强国家对卫星及应用产业的政策引导，加大对卫星及应用产业扶持力度，推动产业应用标准化和规范化，确保国家安全和产业健康可持续发展。

（四）以开放发展为抓手全面推进卫星及应用产业化

顺应世界航天产业发展规律，适应战略性新兴产业的发展需求，充分发挥市场配置资源的作用，鼓励民间资本进入卫星制造、运营服务及应用各领域，积极培育卫星应用企业集群和产业链，充分利用国内、国际两个市场、两种资源，提升全球应用服务能力和全球竞争能力，推动卫星及应用产品和服务出口，不断推进卫星及应用的商业化、产业化和国际化发展。

二、卫星及应用领域突破性技术

航天是一项综合性、探索性很强的高科技活动，科技创新是航天发展的原动力，自主掌握核心技术，是中国航天取得重大成就、实现可持续发展之根本。五十多年来，中国在运载火箭、应用卫星、载人航天、月球探测等空间探索各领域不断实现了重大技术创新和突破。未来一段时期内，中国航天将进一步推进创新驱动发展战略，加强先进系统和技术的前瞻布局，不断强化自主创新能力，通过技术突破力争在若干领域占领世界航天科技竞争制高点。基于阶段发展特征，将紧密结合强国战略和经济社会发展对航天战略性新兴产业发展的重大需求，着眼于支撑空间基础设施建设、服务卫星及应用产业升级换代，大力强化天地一体化创新和全产业链创新发展，着力突破瓶颈技术、核心技术，填补能力空白。同时，积极发展新系统、新技术体制，大力发挥技术突破和技术推动的作用，满足不断增长的发展需求，培育和引领新应用需求。

航天活动和航天技术体系涉及领域广泛，本节主要结合未来十到十五年中国卫星及应用产业发展需求，提出在系统技术、卫星平台、有效载荷、共性关键技术、地面应用及基础技术等方面中国航天将重点突破的技术。

（一）天地一体化系统及组网技术

针对空间基础设施体系化发展、天地一体化发展和效能提升的需求，发展顶层规划设计的技术手段，从系统层面提升中国卫星及应用的整体能力和水平，重点突破复杂天基系统任务需求分析、星座组网、卫星编队飞行、效能评估等关键技术，开展遥感系统全链路及各环节成像质量仿真分析、卫星载荷一体化技术、全球覆盖卫星网与地面网络无缝互连、综合任务规划与管理技术等分析研究。

（二）长寿命、高可靠、高定位精度先进卫星平台技术

重点解决各类卫星在高稳定性、高定位精度、高承载量、高敏捷性等方面的问题和差距，发展敏捷平台、超静平台、下一代大型地球同步轨道公用平台、全电推平台等技术，重点突破敏捷姿态机动控制技术、高精度高稳定度姿态控制技术、先进空间数据系统、高承载多适应可扩展桁架式结构技术、超大功率供配电、万瓦级高效散热、高可靠长寿命电推力器等一系列关键技术。

（三）高分辨率、高精度及新型有效载荷技术

通信载荷重点攻克大功率、大天线、多波束等技术，研究频率复用等高效的通信体制，填补中国在宽带通信、移动多媒体广播等方面的技术空白[59]。发展高

可靠高增益编码技术，解决功率受限约束条件下的远距离、高可靠性信息传输。

（1）宽带通信重点突破多孔径多波束天线、宽带转发器功率动态调配等技术，提高卫星频率利用率和通信接入能力。

（2）移动通信重点研制大型可展开网状天线，突破星载数字化信号处理技术、大动态范围星间链路技术及高功率合成技术，满足广域覆盖区域内的实时通信和无缝覆盖，同时支持移动手持终端的多样化业务。

导航载荷重点研究高精度原子钟和高精度时间同步技术，通过研究自主定轨等技术提高卫星自主运行和服务能力。在 GNSS 竞争合作的大背景下，兼容互操作是北斗卫星导航系统未来发展的关键，开展多模 GNSS 兼容与互操作总体技术研究，构建系统与终端天地一体的仿真和试验平台，进行多模 GNSS 兼容互操作仿真验证及在轨卫星测试验证，开展导航信号的顶层设计和研究，为北斗卫星导航系统参与国际 GNSS 的合作与竞争提供技术支持。

遥感载荷在大口径长焦距光学系统设计与装调技术、大规模高帧频焦平面探测器技术、大型高精度天线技术、高分辨率多极化雷达成像技术等方面，为后续更高分辨率、更高精度的空间遥感技术发展创造良好条件。

（1）光学载荷重点突破高分辨率敏捷成像技术、可见红外高光谱一体化成像技术、高轨中分辨率多波段成像技术、一体化大功率激光探测技术、多波束激光测量技术等关键技术。

（2）微波载荷重点突破地球同步轨道 SAR 成像技术、时间空间相位三同步干涉测量技术、主被动微波一体化探测技术、静止轨道毫米波 / 亚毫米波辐射探测技术等关键技术。

（四）地面及应用系统关键共性技术

为提升地面系统高效、快速、协同、按需服务能力，突破多星多任务高效规划调度、高速数据接收、全局地面资源管理、大数据并行高速传输与处理、网格优化分发及多星多场地联合定标等关键技术。

针对卫星载荷特点和应用瓶颈问题，突破通信核心元器件和地面应用设备、导航服务信息共享、干涉 SAR、电磁监测、生物量探测、高光谱成像等新型遥感载荷数据预处理与信息提取、产品生产与服务、技术评价与仿真设计等技术，以及规模化数据综合处理、数据融合与信息提取等共性技术。

在应用技术领域，卫星通信突破安全通信、应急通信等应用共性关键技术；在卫星导航领域，突破高精度定位、室内外无缝定位、卫星导航完好性监测评估、智能服务及基于多模组合导航的关键技术；在卫星遥感领域，解决异构多源基础数据汇集、多源时空数据云存储、多尺度时空数据同化、海量数据并行批量协同处理等难题，发展多源数据融合技术、高精度定标和反演技术、信息挖掘与定量分析、波谱与样本数据库、真实性检验与质量评价等，为应用系统高效运行与评价提供支撑。同时，为适应综合应用和融合发展趋势，突破通信广播与导航定位、遥感兼容应用技术发展，提升卫星通信广播、卫星导航和卫星遥感等系统融合应用能力。

（五）先进制造和先进电子技术

1.先进制造技术

目前中国的基础制造能力与国际先进水平相比还存在着较大差距。为满足未来航天新系统发展需求，在制造技术方面，需要重点突破大型复杂结构制造与装配技术、轻质化材料制造技术、精密与超精密高效制造技术、复合材料先进制造技术、先进连接技术、超高精度测量与调试技术、高安全高可靠制造技术、宇航产品试验高精准仿真技术等关键核心技术。

2.先进电子技术

中国微电子技术和产品滞后于航天系统发展需求，宇航级高端核心芯片多依靠进口。航天型号产品对电子产品性能、体积、功耗的高品质追求，使得“电子产品微电子化，微电子产品系统化”成为发展重点，以微电子的系统封装和集成制造为主流技术发展方向，需要突破发展综合电子模块化立体封装技术、SOC 技术、系统级封装（system in package，SIP）技术、微电子机械系统（micro-electro-mechanical systems，MEMS）集成制造技术、光电一体化集成制造技术及微光学电子机械（micro-opto-electro-mechanical system，MOEMS）一体化集成制造技术，满足电子设备小型化、轻量化和系统集成化的目标，提高型号的精度与稳定性[60]。

（六）空间光通信技术

为实现空间光组网，重点突破多向激光链路的快速捕获和稳定跟踪、星上高速信息的存储转发和处理技术、空间光交切换技术、时延容忍光网络技术。同时，将重点突破光终端的小型化、集成化和模块化，同步发展直接探测和相干探测两种探测体制[61]。

三、中国卫星及应用产业发展方向和路径

（一）战略布局

基于中国空间基础设施的现有能力以及中国未来 10 ～ 15 年卫星及应用发

展需求，中国卫星及应用产业发展总体布局如下。

1.卫星通信

提升卫星固定通信、卫星广播业务，大力发展卫星宽带多媒体接入、新一代卫星移动通信、卫星数据中继等新应用。建设综合性卫星应急通信基础网络，保证信息基础设施向农村、偏远地区延伸覆盖，提升信息基础设施的应急通信保障和通信安全能力；逐步发展全球性卫星通信系统，满足中国企业全球化发展需求；积极发展卫星通信广播综合业务，推进卫星通信广播产业集约化发展。

2.卫星导航

尽快发展形成自主可控的北斗卫星全球导航系统，提高卫星导航应用的基础保障能力。以北斗卫星导航系统为核心推动力，推进中国全球导航卫星产业的整体快速高效发展。发展北斗兼容型导航终端及数字化综合应用终端等产品，着力发展大众化和专业化市场，促进卫星导航产业规模化快速发展。以卫星导航设施和产业体系为基础，构建中国国家位置服务体系，提供泛在智能、实时动态、精准确保和融合共享的服务。

3.卫星遥感

统筹发展陆地观测、海洋观测、大气观测等遥感卫星，逐步形成持续稳定的业务卫星系列，提供全色、多光谱、高光谱、微波雷达和激光雷达等卫星数据源；通过一星多用、多星共用、星座组网、多网协同，以及地面数据及服务系统的统筹优化，促进各类空间信息的融合共享、相互补充和综合应用，建立业务化、一体化的自主遥感卫星应用和服务体系，提供完善、连续、长期稳定的空间信息服务和保障，大幅提升遥感工程技术创新水平，促进卫星应用技术、产品和系统的发展，推进卫星遥感商业化发展，形成完整的卫星遥感产业链。

（二）发展目标

紧密围绕经济社会发展的重大需求，建立中国自主可靠、布局合理、国际先进、长期连续稳定运行的空间基础设施，具备全球通信广播和导航定位服务能力，以及全天时、全天候、全球对地观测能力。建立完善的空间信息服务平台及应用服务网络，以及商业化、国际化的服务体系，卫星及应用产业实现规模化发展，大力提升自主卫星需求满足程度，保障中国粮食安全、能源资源开发、海洋权益维护、应对全球气候变化等国家重大战略对自主卫星服务的需求。同时，通过国际合作和利用全球卫星资源，最大限度地满足国土资源、防灾减灾、环境保护、农林水利、交通运输、城乡建设等国民经济重要领域业务化应用需求，以及民生各领域高品质普遍信息服务、智能信息产业、信息消费等新兴经济增长对卫星应用的迫切需求。另外，能够提供国际化服务，有效支撑履行大国义务、支撑全球性问题应对要求，具备较强的国际卫星应用市场竞争力。

近期，中国基本建成空间基础设施骨干架构，形成业务化发展机制，提升资源共享能力，奠定产业化发展基础。卫星通信广播满足国内固定通信业务需求，提供国土范围内移动通信能力，基本满足地面网络覆盖率低、应急突发事件较多的重点地区、行业、人群的应急通信需求。北斗卫星导航系统具备提供覆盖亚太地区的导航定位、授时和短报文通信服务的能力，初步形成中国自主可控的卫星导航服务能力和中国及周边地区高精度服务能力，北斗卫星导航系统已在重要领域得到应用并推广。卫星遥感巩固发展已有应用卫星系统，形成主要行业领域急需的骨干业务能力，提升高分辨率数据服务能力和自给率。

到 2020 年，初步建成主体功能完备的空间基础设施体系，建立产业化发展机制，形成稳定运行和服务能力，有效满足国内经济社会发展需求，形成较强的国际化服务能力，卫星应用产业规模比 2013 年提升 3 倍以上。卫星通信广播覆盖亚太地区，满足中国及周边地区全覆盖、高可靠、常态化通信需求；北斗卫星全球导航系统基本具备开放兼容的全球服务能力，在中国及周边地区实现面向大众和行业应用的实时分米级和事后厘米级定位服务，实现卫星导航应用产品研发生产自主化，在涉及国家安全的重要领域全面实现自主装备应用，实现技术和市场的双重突破与提升。遥感系统形成全天时、全天候、多谱段、定量化的卫星遥感数据获取与处理分发能力，大幅提升遥感工程技术创新水平及产业化能力，基本满足中国各领域主要业务需求。

到 2025 年，基本建成布局合理、国际服务能力强的空间基础设施，技术能力、运行规模、应用水平达到国际先进水平，形成可靠、高费效比的服务能力，卫星应用产业规模翻番，卫星应用与经济社会各领域深度融合，满足国家全球战略和国民经济可持续发展需要。通信系统形成多种业务融合、覆盖全球主要地区的大容量卫星通信广播和移动通信能力；北斗系统技术水平和服务质量进一步提升，全面融入全球卫星导航产业链，形成具备全球优势的高精度北斗导航位置服务能力。遥感系统多星座协同运行，形成全球数据及时获取、接收和处理能力，实现对中国及周边地区多尺度、近实时高分辨率观测能力。

（三）发展路径

2025 年之前，中国卫星及应用产业发展可分为三个阶段，产业发展路线图如图 5-1 所示。其阶段发展重点如下。

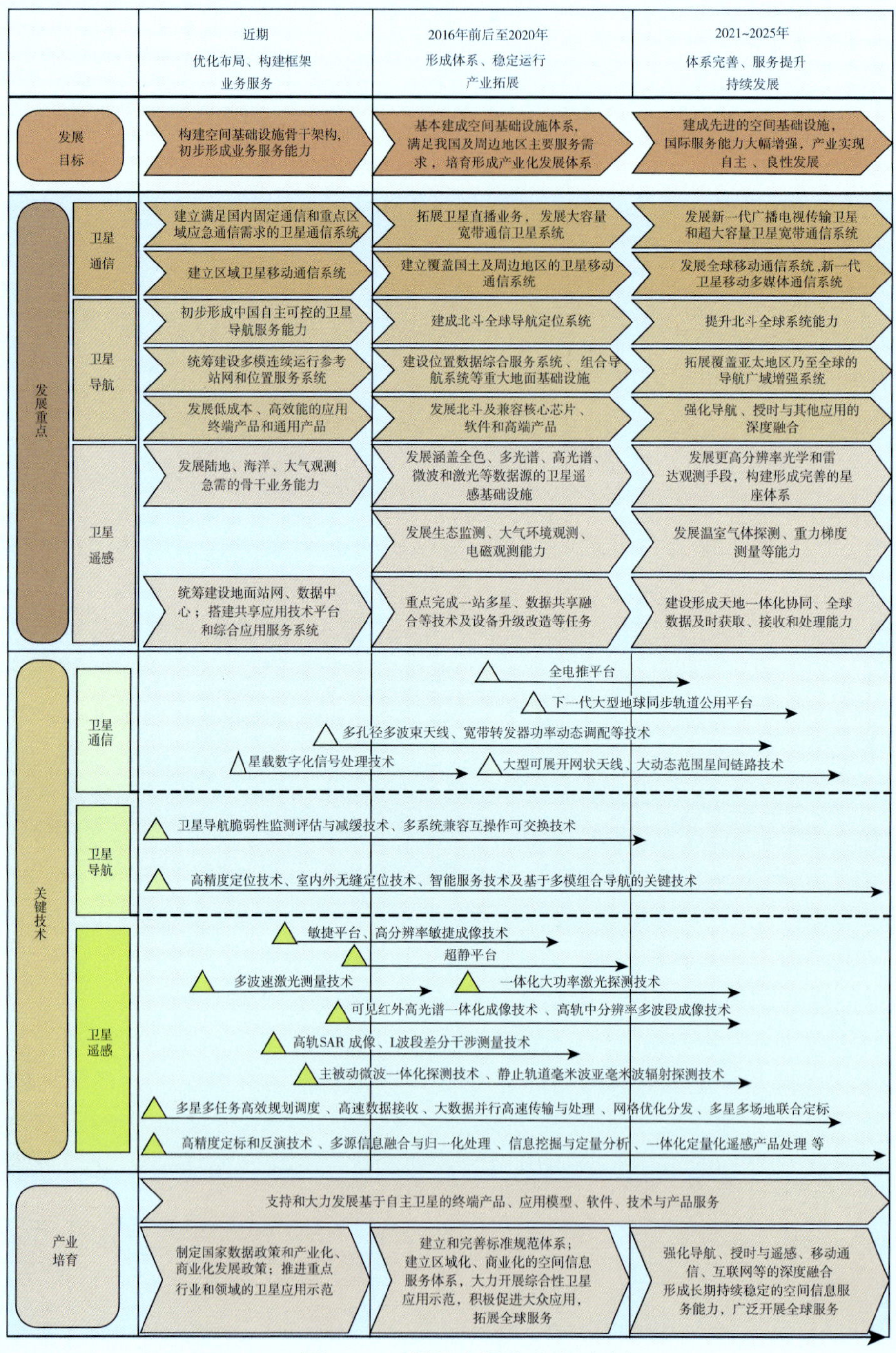

图 5-1 卫星及应用产业发展路径

1.第一阶段，优化布局—构建框架—业务服务

开展空间基础设施长远发展规划，构建空间基础设施骨干框架，建立业务卫星发展模式，重点突破卫星长寿命、高可靠技术，着力提升有效载荷性能，统筹建设共享的地面系统，保持骨干业务系统连续稳定运行，大力拓展卫星应用，打造基于自主卫星的卫星及应用产业链。

卫星通信广播主要依托现有系统，重点发展卫星通信灾害预警及灾害救援应急通信基础网络建设，基本满足重点区域应急通信需求，逐步拓展移动通信卫星系统能力。

卫星导航基于已建立的北斗卫星区域导航系统，统筹建设地面增强系统和位置服务系统，重点突破北斗导航地面终端核心关键技术和核心基础产品，发展低成本、高效能的应用终端产品和通用产品，建立导航与位置服务示范系统与平台，重点开展在中国交通、国土、农业、林业等行业位置服务应用示范，公众出行、社会网络、旅游娱乐等公众位置服务应用示范，智能搜救、灾害救援等区域位置服务应用示范，初步形成中国自主可控的卫星导航服务能力。

卫星遥感在现有资源、风云、海洋和环境减灾小卫星星座基础上，结合高分辨率对地观测工程，优先发展急需的业务卫星能力，丰富观测手段，提升高分辨率观测能力，统筹建设地面站网、数据中心，搭建共享应用技术平台和综合应用服务系统，建设形成卫星遥感空间基础设施主体框架，推进重点行业和领域的卫星系统应用示范。

2.第二阶段，形成体系—技术创新—产业拓展

基本建成中国自主、主要功能齐备的空间基础设施体系，建立较为完善的空间基础设施管理和运行体系，全面开展新型卫星系统、新型载荷技术攻关和研制验证，逐步建立稳定运行、协同共享的业务服务系统，提供覆盖中国国土和周边地区的业务服务，大力开展基于自主卫星的应用技术攻关和应用系统建设，逐步建立较为完善的卫星应用创新链和产业链。

卫星通信领域积极拓展卫星直播业务，突破大功率合成、高功率多波束形成等关键技术，研制发展大容量移动多媒体卫星系统，建设发展区域移动通信系统，系统服务覆盖中国及周边地区，提升卫星通信设备制造国产化水平，建设区域化、商业化的卫星通信广播服务体系，促进卫星通信产业化发展。

卫星导航领域建设完成北斗卫星全球导航定位系统，实现从区域服务向全球服务的平稳过渡；重点建设多模连续运行参考站网、位置数据综合服务系统、组合导航系统等重大地面基础设施，建成统一、协调、完整、开放的导航基础服务体系，提升卫星导航服务能力，突破核心芯片、软件和高端产品的发展瓶

颈。在中国金融、能源、电信及涉及生命安全的交通、民航等领域强制推行北斗或北斗与其他 GNSS 兼容型导航定位产品应用，在其他领域鼓励北斗应用。

卫星遥感领域发展涵盖全色、多光谱、高光谱、微波和激光等数据源的较为完整的卫星遥感基础设施，发展全球多光谱、高光谱等多谱段综合观测能力，高分辨率光学、雷达观测能力，高时间分辨率高轨光学和雷达观测能力，发展生态监测、大气环境观测、新一代海洋观测、电磁观测等方面能力；统筹建设国内外数据接收设施，提升数据中心协同服务能力，重点完成一站多星、数据共享融合等技术及设备升级改造等任务，形成多数据类型和多源数据融合服务能力。大力发展基于自主卫星尤其是自主高分辨率卫星的应用模型、软件、技术与产品服务，推进卫星遥感综合应用示范，深化产业服务。

3.第三阶段，体系完善—服务提升—持续发展

发展完善具备全球重点区域覆盖和国际化服务能力的空间基础设施，不断推进系统升级换代，满足多样化需求，大幅提升卫星应用产业规模，持续提升产业化发展能力。

卫星通信领域有序进行系统升级换代，突破新一代大型地球同步轨道公用平台、Ka 频段宽带通信、大容量广覆盖移动通信及星间组网等关键技术，研制发展超大容量宽带通信卫星、新一代全球移动通信卫星系统等，形成覆盖全球重点区域的卫星通信能力，发展基于新型宽带通信卫星和移动通信卫星的地面系统、应用终端系统，建设与地面网络系统互联互通的空间宽带互联网，拓展全球服务能力，提升中国卫星通信的商业化应用水平。

卫星导航领域进一步完善北斗系统结构，拓展系统功能，通过国际合作和多种模式，逐步拓展覆盖亚太地区乃至全球的导航广域增强系统，改进和持续提升导航基础服务体系的功能性能，切实推动北斗系统的国际化发展。开展北斗系统后续发展规划部署。进一步提升卫星导航芯片、北斗卫星导航系统与其他卫星导航系统兼容应用等技术水平，强化导航、授时与移动通信、互联网、遥感等其他应用的深度融合，形成一批具有较强国际竞争力的通用优势产品，推进北斗系统的大规模产业化应用。

在卫星遥感领域，保障陆地、海洋和大气观测卫星的持续业务运行并进行升级换代，进一步发展新型遥感系统，突破一体化高分辨率可见光至热红外多谱段综合观测技术、多模式多波段雷达观测技术、高功率激光雷达技术、新一代海洋环境和海洋动力观测等关键技术，发展更高分辨率光学和雷达观测、高精度温室气体主动探测、全球大气环境高精度观测等能力，构建形成较为完善的星座体系，进一步拓展业务服务范围，建立全球性数据接收系统，提升地面服务系统整体能力，建立海量数据快速处理、存储和分发服务能力，建成稳定、高效的数据共享服务体系，以及深化融合的行业业务服务系统，大力发展基于自主卫星的商业化、个性化增值服务。

四、中国卫星及应用产业发展重点

未来 10 ～ 15 年，中国卫星及应用产业将围绕空间基础设施建设和卫星应用产业化发展的总体目标，结合新一代信息技术发展，大力拓展卫星通信的市场化应用，推进以中国自主的北斗卫星导航系统为核心、多系统多手段融合的卫星导航产品和服务的规模化和深度应用，推动基于自主遥感卫星数据的业务化应用和长期持续服务，创新应用服务模式，促进通信、导航、遥感等卫星在公共管理、交通运输、防灾减灾、农林水利、气象、国土资源、环境保护、测绘勘探、应急救援等重要行业及领域的融合应用，大力发展面向大众和商业化服务的综合应用解决方案和新应用模式，促进卫星应用技术与物联网、云计算、大数据及其他新兴信息技术的融合，建立先进、高效的卫星及应用产业体系。

（一）卫星通信发展重点

根据中国卫星通信发展定位和需求，未来 10 ～ 15 年，应重点发展卫星宽带多媒体接入、新一代卫星移动通信、卫星应急通信等新系统和新应用，提供覆盖中国、亚太地区以及全球重点区域的大容量、高可靠、常态化通信服务，掌握卫星通信终端产品等的核心技术。开展地区、行业和部门产业规划，进一步促进卫星通信在边防、金融、国家应急救援和救灾通信等政府、行业应用领域中的普及和推广。完善卫星设计制造、通信设备制造、通信卫星资源运营服务、增值服务和应用开发等产业链环节，促进卫星通信终端和运营服务产业化发展。

1.宽带多媒体卫星通信

建立集中管理、统一运行、公益与商用相结合的宽带多媒体卫星通信系统，研制大容量和超大容量宽带多媒体通信广播卫星，提供覆盖中国及周边地区的卫星通信服务，并逐步实现与卫星固定广播业务的融合。宽带通信卫星主要工作频段为 Ka 频段，兼顾 Ku 频段。需天地同步，突破全 Ka 频段宽带卫星系统通信体制等关键技术，按照 Ka 频段宽带卫星通信系统地面段的需求配置信关站，实现天地一体化控制和管理，支持数据、语音、视频等业务，实现地面终端信息的实时上报和控制管理。研发 Ka 频段地面设备关键技术、地面应用系统以及高品质、低成本终端产品，支持固定、车载、便携等终端形式。

支持基于宽带通信卫星的超大规模组网、与地面通信网络互联互通。依托宽带卫星网络通信系统，建立国家电子政务网络的卫星备份链路，在保障电子政务网络的高可靠性和高可用性的同时，使偏远地区及海岛接入电子政务网络，提高国家的公共管理和社会服务能力。加快宽带通信卫星在远程教育中的应用，提高中国远程教育的运行质量和覆盖区域；加快宽带通信卫星在宽带中国计划中的应用，提高中国边远地区的宽带接入和普遍服务质量；促进宽带卫星在电视直播等领域的应用，提高中国高清电视、三维立体影像电视、数字媒体和网络文化的发展水平。通过促进宽带通信卫星在各行各业的应用及信息惠民的综合应用，提高中国社会经济的信息化水平和普遍服务水平。

2.卫星移动通信

通过两步走的方式，发展中国自主的卫星移动通信系统。首先发展区域卫星移动通信系统，逐步实现对中国国土及周边地区的覆盖；进而，开展新一代全球卫星移动通信系统部署，满足中国国土及周边地区的大容量、高速率移动通信需求，并实现全球重点地区移动通信能力，保障中国企业的国际化发展需求。

研发新型卫星平台，重点突破星载数字波束形成与处理交换、大动态范围星间链路、波束间动态功率分配、多载波可重构分布式自适应处理技术、多星多信关站综合管理技术等关键技术，空中接口、技术体制与地面移动通信系统融合，保障与地面移动通信系统的无缝链接；建设海外信关站，各信关站通过地面网络互连，形成全球组网能力；研发兼容未来地面移动通信体制的宽带多模卫星应用系统和移动终端，提供语音、数据、视频等服务，满足用户不同应用场景的需求，具备批量生产能力。通过卫星移动通信应用，提升中国边远地区、边海防等地区的通信通达能力；逐步实现全球重点地区大容量、宽带、无缝链接的移动通信业务化运营，为全球手持移动用户提供高速数据、可视电话和宽带互联网接入服务。

3.空间宽带互联网

为满足中国国家信息化、普遍信息服务和全球化战略需求，面向未来，基于卫星移动通信系统和超宽带通信卫星，发展空间宽带互联网，逐步实现全球覆盖、天地互联、安全自主、宽带服务和移动保障的一体化信息网络。空间宽带互联网可由空间宽带移动网和空间超宽带骨干网组成，通过高速星间链路和统一地面运控系统实现互联、互通、互操作。其中，空间宽带移动网为全球地面、海上、空中移动用户和部分近地轨道飞行器提供宽带移动通信和互联网接入；空间超宽带骨干网为全球超宽带用户、近地轨道飞行器和部分深空飞行器提供超宽带通信和互联网接入。空间宽带互联网将与地面移动通信网络、互联网、物联网等有机融合，支持无缝实时接入，提供宽带数据通信、数据播发、实事信息采集与交互控制及宽带信息增值服务。

4.综合性卫星应急通信基础网络

依托卫星通信广播基础设施，以卫星固定通信、卫星移动通信、移动数据分发为主要手段，建成天地结合、能够应对各种重大突发事件的应急通信基础网络，实现全国覆盖、快速反应、应急机动。研制新型地面信关站和便携式卫星移动数据分发接收终端，实现语音、数据、视频信息的移动接收功能，保障应急现场语音、数据、视频通信顺畅传输。综合利用卫星通信和导航定位技术，开发建设灾区生命探测和救援系统，保证灾区生命救援工作的高效开展。

（二）卫星导航发展重点

北斗卫星导航系统投入区域性服务，对中国北斗卫星导航产业具有里程碑式意义，标志着该产业已经具备快速、持续、跨越发展的基本条件。未来，中国北斗卫星导航发展将以市场需求为牵引、科技创新为引领，围绕产业发展的重点领域和薄弱环节，夯实产业发展基础，着力关键技术研发和市场培育，加强北斗卫星导航系统在行业与大众领域的规模化应用和深度融合应用，使得北斗卫星导航系统成为国家信息化的基础支撑，并保证北斗卫星导航系统的可持续发展，推进产业价值链与产业体系建设，提升产业发展整体水平和国际竞争力，实现“标准国际化、产品国产化、应用大众化、服务产业化、市场全球化”的全方位发展战略。

1.完善导航基础设施

按照三步走的规划，建成北斗全球导航定位系统。基于天地同步发展的思路，加快建设天基及地面增强系统，形成天地一体、统一、协调、完整、开放的卫星导航基础设施体系。通过优选、改造、升级和补充，统筹建设国家级多模连续运行参考站网；综合集成地图与地理信息、遥感数据信息、交通信息、气象信息等基础信息，建立全国性的位置数据综合服务系统；加快建设辅助定位系统，推进室内外无缝定位技术在重点区域的应用[62]。形成面向全球卫星导航服务的高精度服务和应用支撑能力，图 5-2 为中国北斗卫星导航系统应用示意图。

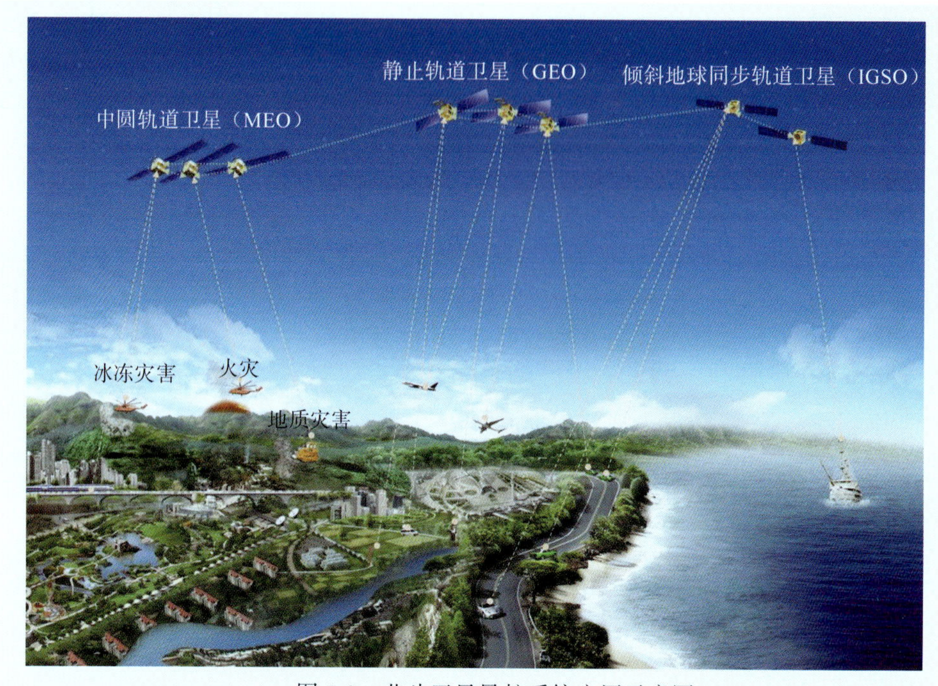

图 5-2 北斗卫星导航系统应用示意图

2.突破核心关键技术

重点解决北斗与其他 GNSS 多系统兼容互操作可交换技术、卫星导航与无线通信的融合技术、天基和地基及自主和外部定位导航授时手段的组合整合融合技术、室内外导航的一体化融合技术。

3.大力发展自主知识产权的核心基础产品

促进芯片、天线、板卡、电子地图、嵌入式软件等核心基础产品的发展，大力发展导航通信融合芯片研发制造，导航传感一体化产品创新、技术创新和模式创新，支持研发导航、授时、精密测量、测姿定向等通用产品，快速提升北斗芯片和终端产品的成熟度和核心竞争力，推进相关标准法规建设，实现产品标准化并与国际接轨，最终进入国际市场。

4.持续推进北斗卫星导航产业和区域示范项目

在能源、通信、金融等涉及国家时频安全的重要领域，推行北斗及其兼容产品的自主装备应用，推动其在公共安全、交通运输、防灾减灾、农林水利、国土资源、公安边防、测绘勘探、应急救援等领域的规模化应用。

5.促进大众消费应用

结合新一代信息技术发展，以汽车制造业和移动通信业快速发展为契机，以公众出行信息服务为引导，推广北斗产品成为车载导航、智能手机等终端的标准配置，创新行业综合应用解决方案，推进卫星导航与物联网、移动互联、三网融合等广泛融合与联动。拓展大众化、专业化北斗应用市场，形成丰富的位置服务产品，创新商业和服务模式，打造位置信息综合服务体系。

建设卫星导航产业园区，形成规模化龙头企业与创新型小微企业集聚、上下游产业环节集聚的产业形态，促进卫星导航产业规模化快速发展。以卫星导航产业体系为基础，构建国家位置服务体系，提供泛在智能、实时动态、精准确保和融合共享的服务。

6.开拓国际应用市场

构建覆盖亚太大部分地区的地基增强系统，在中国周边地区形成具有较强竞争力的应用服务能力。逐步拓展覆盖全球的导航广域增强系统，发展全球性多 GNSS 连续监测评估系统，全面融入国际卫星导航产业链，面向国际用户广泛关注的应急救援、综合减灾、船舶 / 车辆监控与指挥调度等应用需求，加大力度推广北斗卫星导航应用。

（三）卫星遥感发展重点

1.建立多手段多模式结合、高中低分辨率合理部署的遥感观测体系，大力发展高分辨率观测系统

统筹考虑观测对象、观测手段、轨道资源等因素，发展陆地、海洋、大气观测卫星，高轨与低轨卫星有机组合，逐步形成高中低空间分辨率合理部署，覆盖可见光、红外、微波等多谱段的综合观测能力，通过星座组网、综合应用，建立覆盖全面、配置合理、持续稳定的陆地、海洋、大气业务系统。图 5-3 为遥感卫星星座配置及应用示意。

适应中国信息化、现代化管理、重点行业应用和商业化发展需求，大力发展高分辨率遥感观测系统，满足高精度、高重访观测业务需求。循序发展高精度光学敏捷成像卫星，不断提高空间分辨率，提升多波段、精细化数据获取技术能力和遥感探测灵活机动能力；发展高分辨率红外多谱段观测卫星，形成一体化高分辨率可见光至热红外观测手段；发展高分辨立体测图卫星，不断提升立体图像获取能力；发展高分辨率高光谱及超光谱数据获取系统，增强环境、资源及全球碳监测的定量探测能力；发展高分辨率雷达成像卫星，形成多频段、多模式、形变监测技术能力，大力提升中国多云多雨地区的遥感观测与应用能力。

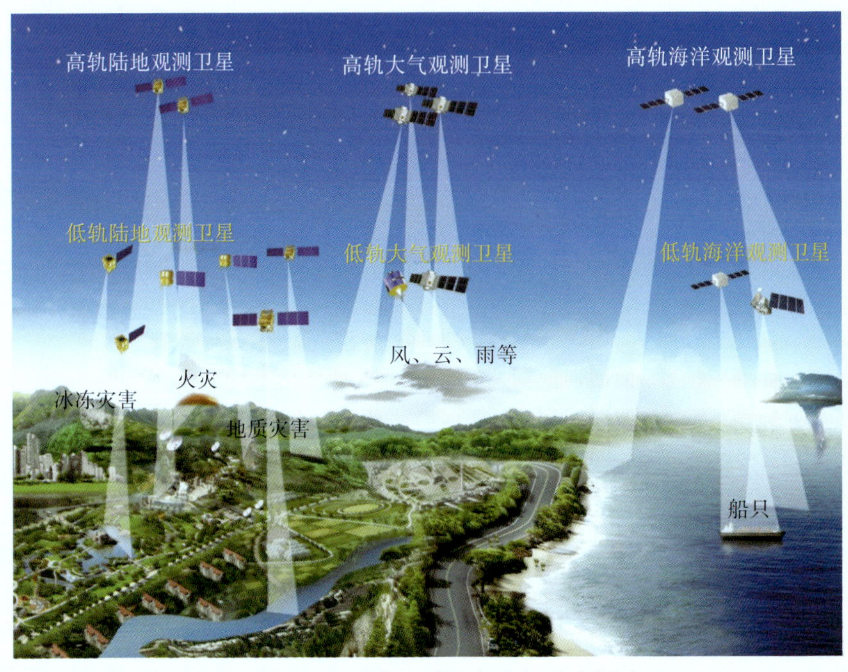

图 5-3　遥感卫星星座及应用示意图

2.统筹建设和发展地面系统，建设空间信息大数据中心，大力提升数据共享服务能力

注重发展天地一体化系统集成、仿真优化技术，同步进行地面系统建设，促进卫星与地面系统协调发展。构建一站多星、多站协同的数据接收与高速传输系统，统筹卫星业务测控、接收、处理、存档与分发，建成协同服务的卫星综合业务运行服务体系。统筹卫星定标、在轨性能监测与专题产品真实性检验，建立定标与真实性检验业务运行体系。

基于统筹建设的空间基础设施，建立科学合理、按需服务的任务规划和多中心协同服务模式，支持陆地、海洋、大气等跨系列卫星和星座数据的综合应用，服务行业业务应用需求。

构建空间信息大数据中心，集成各类卫星遥感数据，包括公益及商业卫星数据、国外相关卫星数据等数据源，盘活卫星遥感存档数据，建立多源数据共享云平台，开展空间信息的集成应用服务，向行业、企业和大众用户提供数据融合和信息服务。

3.建立遥感应用标准体系，构建共性技术服务支撑平台，大力发展基于自主卫星、具有自主知识产权的应用技术、应用系统

制定卫星遥感应用技术标准规范体系，包括基础类标准、专用标准和实用

标准等，提升遥感产品共享服务能力。

着力发展遥感数据几何、辐射、光谱精校正，基础参数定量反演，分类与目标识别，信息融合与归一化处理，综合测量与测试检验等关键共性技术，研发软硬件一体化定量化遥感产品处理系统，为开展高精度、定量化应用提供基础保障。

建立共性技术服务支撑平台和技术服务体系，发展应用技术研发和创新实验环境。围绕中国卫星遥感应用能力建设，针对各类载荷探测能力和技术指标，开展精校正处理技术、信息提取共性技术、试验验证共性技术、共享服务共性技术，以及 3 ～ 5 级标准信息产品研发等方面的技术攻关，形成核心模型算法和基础软件工具集，并集成到信息产品生产的原型系统、检验系统和共享服务系统中，为用户提供遥感数据应用和处理共性软件、技术和产品，开发面向行业应用的成套技术系统，促进实现卫星遥感数据的定量化、业务化、规模化应用。

4.发展基于综合数据应用的行业业务系统，加强应用产品与服务创新，推进增值服务体系建设，促进遥感应用产业化、商业化发展

根据行业业务应用需求，形成基于多源数据融合的行业综合应用平台，开发行业业务应用系统，建立长期持续运行的业务化运行体系，以充分发挥应用卫星效能，保障行业业务应用。

放开并规范面向社会的数据及信息产品分发服务，拓展公众获取卫星遥感产品的渠道，鼓励企业开展增值产品与服务，建设面向应用的共性和定制增值服务体系，发挥信息产品应用潜力，满足卫星应用产业化、个性化、多样化发展需求。发展面向大众应用的数据质量提升技术、多源数据融合技术、信息产品数据挖掘、知识图谱等技术，促进卫星遥感数据与航空遥感、导航地图数据、气象数据、环境监测等空间信息数据的数据融合、应用融合，实现信息一体化，针对个人行为、企业行为和群体活动，提供基于互联网、移动互联、物联网等载体的应用模式创新。

5.开展重点领域、区域综合应用示范工程，积极推进遥感深化应用

统筹考虑各种遥感先进手段和丰富的信息资源，开展典型性、综合性行业和区域综合应用示范。

面向国土、减灾、环保、交通、水利、农业、林业、地震、气象、海洋、测绘等行业领域，开展国家资源、环境和生态卫星综合应用工程，解决重大资源调查监管、生态环境保护与恢复、防灾减灾、公共安全等各领域业务应用的问题，为资源环境动态监测、预警、评估和治理等核心业务，以及重大国情国力普查与调查，提供及时、准确、稳定的空间信息服务。

以区域规划、区域环境和区域可持续发展为重点，面向国家规划重点区域和典型区域，针对区域规划、生态环境、自然灾害、城市化进程、再生资源开发利用等区域核心要素进行动态和定量化、空间化监测，支撑建立起区域、跨区域乃至国家尺度的生态环境监测与评价技术体系，促进跨区域、跨领域综合应用，推广空间信息应用。例如，主体功能区规划，重点区域资源监测，西部生态脆弱地区环境监测评价，京津冀、长三角、珠三角等地区的区域生态环境保护应用等。

专栏二十八

卫星遥感应用示范工程

（1）大气环境监测和预警应用。卫星遥感具有大尺度、高频次、无缝隙面状的观测特点，针对大气污染、灰霾等问题，充分发挥国产多源卫星在灰霾监测和评估中的作用，实时监测大范围地区霾现象的动态变化，利用时间序列卫星遥感霾监测信息为评估灰霾治理效果提供依据。同时，利用卫星监测信息和地面站观测，并结合数值模式的综合应用，可以监测和预测大气环境质量，实时提供大气环境状况信息。该示范工程将建立多源卫星遥感大气质量监测和评估系统，研发多源国产卫星霾现象监测模型方法，利用陆地、大气等多波段光谱数据识别霾信息，利用高分辨率资料提取地表覆盖类型信息、分析稳定和移动排放源，形成霾现象实时监测、短期预测、时空变化评估、产品发布等功能，为重污染天气监测预警体系提供信息，为对灰霾来源解析、迁移规律和监测预警等研究提供科学支撑。

（2）海岸带高精度遥感监测应用。开展以高分辨率卫星、海洋和大气观测卫星数据等的海岸带生态环境变化、海洋赤潮发生发展、海面温度变化、海浪高度、近海台风移动速度和方向以及河口泥沙等监测分析，服务于沿海居民和渔业发展。

6.发展面向全球性应用的综合示范系统

开展全球观测与地球系统卫星综合应用示范，以全球气候变化应对、农情、海洋与极地环境、重大灾害、水资源、矿产资源、土地覆盖和土地退化、能源运输、生态安全等监测为主要应用领域和方向，构建地球系统科学应用平台，开展全球水循环和碳循环研究等示范，揭示全球变化机理，服务气候变化等预测，为应对气候变化国家方案提供信息支持，服务于国家粮食安全、资源安全、环境安全及全球化发展战略，提高中国作为世界大国在全球问题应对中的作用和贡献，提升中国在国际对地观测领域的影响力与话语权。

（四）卫星综合应用发展重点

积极推进行业、区域、大众等领域卫星通信、导航和遥感综合应用示范工程，带动卫星应用产业可持续发展。综合性应用领域和范围广泛，示范工程举例如下。

1.防灾减灾与应急反应综合应用

面向防灾减灾与应急需求，围绕重特大自然灾害监测预警、应急反应、综合评估和灾后重建等重大任务，综合利用通信广播、导航定位和遥感观测卫星系统，开展典型灾害区域综合应用示范，包括灾害应急通信保障和导航定位卫星应用、卫星遥感灾害监测和防灾减灾综合服务，推动建立城乡区域自然灾害监测评估、应急救援信息通信服务平台，提供应急管理决策、业务协同和快速响应信息服务。

2.服务于“智能城市”的卫星综合应用

中国城市化进程正以前所未有的速度向前推进，城市的快速发展带来了城市规划、安全、污染、交通拥堵等诸多问题，面向区域城市规划、建设、运行管理和社会服务需求，结合智能城市规划、智能交通物流、智能建筑家居、城市信息与数据中心、智能公共服务、环境卫生、城市安全等基础设施建设以及关系民生的智能应用系统建设，开展卫星遥感、通信导航综合应用示范工程，提供多层次遥感信息以及基于位置的多样化服务。

3.高精度作物监测和应用服务

将全球卫星定位系统、多源卫星遥感信息与地理信息系统及其他农业信息系统结合，建立基于中国多种自主遥感信息源、长期稳定运行、覆盖全国和国外主要农区的高精度农业监测系统，建成及时、客观、可靠的农业信息采集、分析和服务体系，积极推动精细农业发展，保障农作物安全生产。结合各类遥感卫星的应用特点开展相关应用，如气象卫星（中低分辨率）具有高观测频次和大范围覆盖的特点，主要用于生长条件监测，包括光照、温度、土壤湿度、地标蒸散等；而高分辨率卫星则主要用于小块作物分类和种植面积的精确测算及测产。综合应用各类卫星数据，建立适用于不同地区的各类作物长势监测、估产的模型方法，适用于不同地理、气候特点的农业灾害监测、预警、损失评估模型方法，提供农业管理、病虫害防治、抗旱救灾等信息，提升农业的现代化水平。

4.天地一体化林业资源遥感应用

开展基于多源遥感卫星的天地一体化林业遥感应用技术研发和产业化示范工程。开发结合卫星遥感动态信息如林区面积监测、森林长势和分类监测、森林火源点监测等，以及北斗导航（或 GPS）、手机（地图或卫星遥感背景信息）端信息服务系统，为森林环境监察一线人员现场及时提供卫星遥感监测信息，并向指挥部门传送现场实况，提高信息的综合应用能力。

5.地震监测与减灾应用

中国是世界上地震活动最强烈、地震灾害最严重的国家之一，基于卫星实施地震监测与减灾，拟突破卫星电磁和卫星重力观测技术、全球基本地球物理场建模以及基于大数据的地震信息提取与挖掘技术等关键技术，应用电磁卫星、重力卫星、高分辨率遥感卫星、北斗导航卫星等开展多源遥感地震监测，结合现有地面电磁、重力、形变等观测手段，初步建成空地一体化地震监测与应用系统。提高中国地震监测与预警能力，地震发生 1 小时内准确获取地震灾情并动态跟踪灾情变化，有效提升抗震救灾实效和防震减灾能力。

6.服务于大众生活和商业化应用的综合应用

为推动中国空间信息的产业化、商业化发展，并面向与百姓民生息息相关的重点领域提供大众化服务，综合利用卫星通信、导航和遥感等各项技术和资源，创新商业模式，挖掘、培育和发展大众旅游、位置服务、通信、文化、医疗、教育、统计等“信息消费”应用服务，如大型工程建设、企业生产环评、面向大众的旅游服务、位置服务等。

专栏二十九

卫星综合应用示范工程

服务于旅游发展和生活的遥感应用。开发基于中国测绘卫星及其他高分辨率卫星观测数据、结合电子地图应用的信息综合服务系统。例如，在电子地图上叠加风云气象卫星等国产卫星的真彩色云图，实现对台风、暴雨、沙尘、大雾、洪涝、干旱、积雪、森林草原火灾、火山灰云等的实时显示和检索功能，为公众提供全球或区域的卫星遥感天气、灾害、环境等实时监测信息服务。综合应用卫星遥感、北斗 /GPS、互联网、智能手机等技术，研发面向社会公众的手机版云图软件，为公众提供基于位置的气象等服务。

（五）基于北斗卫星导航系统构建国家新时空服务体系

高精度的时间和空间信息是实现人、车、物有序流动的基础，是信息智能化应用与服务的基础，是推进战略性新兴信息产业和国家经济转型升级的基础，而自主的高精度时空信息服务是保障国家战略安全的必要基础。以北斗卫星导航系统为基础，融合多种多样的定位导航授时技术和系统，提供全时空、多手段、高可靠的时间和位置服务，是当前和今后 10 ～ 20 年科技赶超和产业跨越的重大发展方向。因此，借鉴美国 PNT 体系计划，构建中国“国家新时空服务体系”[63]。

国家新时空服务体系的总体战略是以体系标准规范为核心主线，以北斗和 GNSS 技术为共用基础，通过进一步创新与集成，有效融合多系统、多层次优势资源，形成新的国家时空信息能力、政策和基础设施，尤其是形成可推广系统化解决方案，促进应用服务泛在化、智能化与共享化，提高效率和效能，满足日益增长的民用、军用的现实与未来的需要，特别是强劲增长的商业需要，惠及民生。为保证国家新时空服务体系目标与愿景的实现，应该坚持的四大准则是：充分发挥北斗卫星导航系统在国家新时空服务体系中的奠基石作用；强化新时空信号的观测，保障服务质量和安全性；加强提供完好性保障的高精度解决方案的方法研究，以利于生命安全应用；保护军用新时空技术的先进性。

中国国家新时空服务体系是以北斗卫星导航系统为核心，组合、整合、融合其他非 GNSS 的先进有效的导航定位手段，提供时空两大信息参量及其复合信息的技术和系统，实现包括地下（和水下）与深空在内的海、陆、空、天所有空间，正常与异常、平时与战时、室内与室外所有环境条件下的时空信息泛在智能共享服务，是支撑国防安全、经济发展、社会进步和民生改善的国家基础信息设施。新时空服务体系的组成要素如图 5-4 所示，包括用户、应用领域、任务、技术资源和提供商等方面。

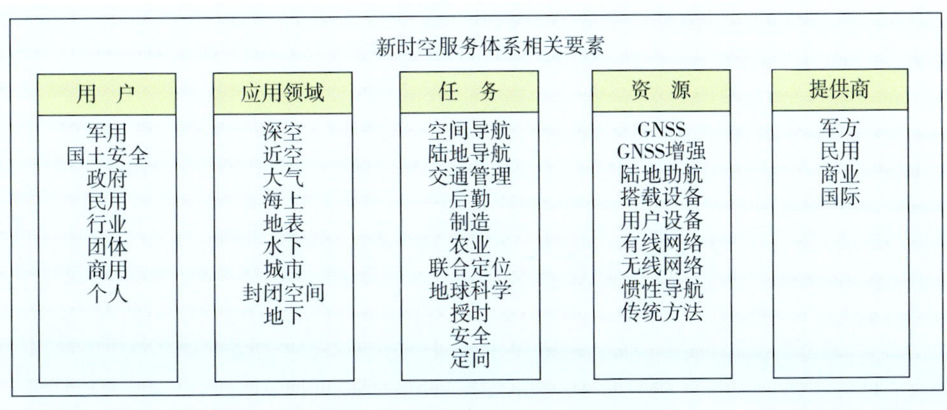

图 5-4　新时空服务体系要素概览

当前，综合应用卫星导航、遥感、地理信息系统（geographic information system，GIS）和通信（communication）技术，实现“3S+C”技术融合发展，促进数据共享与综合利用，是夯实位置信息应用基础，推动产业进入时空一体化的主要路径。在新时空领域内，技术创新与系统集成体系实现三个层次的融合：有源和无源系统、导航和通信系统的体系级创新型融合；天基与地基、有线与无线系统的应用级一体化融合，以及室内外多种物理手段互补互用互换和导航、遥感、地理信息系统的终端级集大成融合。其主要的解决方案包括四个方面：一是卫星导航系统与通信系统的融合；二是天基与地基新时空能力的集成演化；三是自主与外部导航技术的组合；四是室外与室内导航的全方位无缝整合 [64]。新时空体系的技术发展路线如图 5-5 所示。

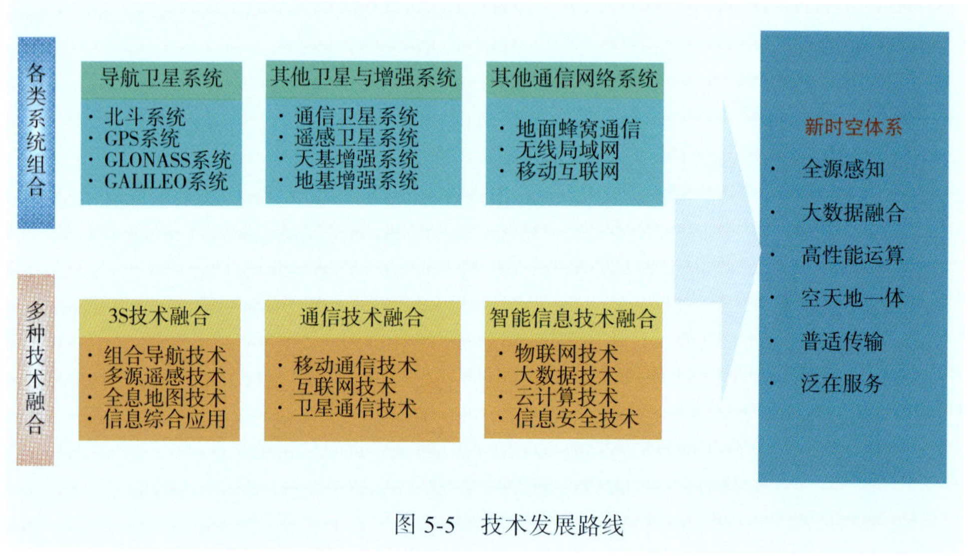

图 5-5　技术发展路线

建立新时空服务体系，需要从国家战略、产业发展、技术领先、持续服务等方面，研究和推进国家新时空服务体系架构、导航与通信的融合创新、多系统多模式多层次的资源整合及管理体制机制创新。

五、航天技术转化应用

航天技术是具有高综合性的高技术群，航天技术与传统产业及相关新兴产业之间存在相互渗透、相互促进、共同发展的关系，作为高科技前沿，在航天发展过程中，大量独有的设计、生产、试验等核心技术与能力，通过成果转移的方式在其他技术领域获得推广和拓展应用，带动相关产业技术进步和产业升级。军民两用技术研发及航天技术的转化应用是进一步发挥航天技术效益的重要途径。例如，卫星通信、遥感、导航与测控技术、运载火箭技术、航天器精密制造与精密控制技术、空间太阳能、具备特种环境下高可靠性要求的航天微电子技术、传感系统技术、新材料技术、空间电子设备工程等，向民用领域转化，在精密控制、精密测量、抗恶劣环境系统设计、高端装备、系统集成、环境保护等领域发挥了显著作用，一些航天技术转化成果打破了相关领域的国外垄断。

本节主要结合新一代信息产业、高端装备制造、能源环保、生物医疗等战略性新兴产业的发展方向，提出今后一段时期内推进航天技术转化应用的一些重点领域[65]。

（一）先进能源

能源问题是当前制约可持续发展的重要问题，也是影响中国未来发展的重要问题，未来 20 年，中国工业化、城镇化进程中人口与经济的快速增长，将带来巨大的能源需求。太阳能利用是可再生能源的重要发展方向之一。空间电池技术、航天材料技术等在太阳能利用领域具有一定的转化应用前景，推进航天技术在能源清洁供给和高效利用的应用，是航天技术转化的重要领域，如以下几个方面。

1.太阳能光热发电

太阳能光热发电适宜于大规模开发，与传统发电方式及现有电网能够更好契合，产生的电能可直接上网，并可具备调峰能力，且产业耗能较低，基本没有污染，由于良好的前景备受关注，其中以槽式发电为主流。

截至 2012 年年底，全球运行的商业化太阳能光热发电站并网装机容量达到了 255.3 万千瓦。其中，80% 的商业化电站集中在西班牙和美国，槽式热发电技术占全球总装机量的 89.2%。全球规划装机容量达到了 20 吉瓦。根据国际能源署技术路线图显示，在太阳能资源非常好的地区，太阳能光热发电有望成为有竞争力的大容量电源，到 2020 年具备调峰和中间电力负荷，2025 ～ 2030 年以后承担基础负荷电力。

航天技术是各国太阳能光热技术发展的核心技术来源之一，可带动太阳能光热发电领域核心技术突破。例如，应用真空镀膜技术开发成功的高温太阳能集热管，是槽式光热发电系统的核心装备，解决了中国光热发电核心技术受制于国外的困境。积极推动航天技术在太阳能光热发电领域的转化、推进示范项目建设，有助于加快光热发电产业发展，形成具有竞争力的优势产业。

2.动力及储能锂离子电池

新能源产业成功商业化的关键之一是发展高性能大功率、长寿命、低成本动力和储能电池系统。中国卫星电池、军用电池等高可靠和长寿命电池单体技术和大型智能电池组系统技术，在能源、电网、汽车领域具有通用技术特征，对研发新能源发电、智能电网、新能源汽车技术等具有重要价值。

动力与储能电池包括锂离子电池、镍氢电池和燃料电池等，其中，锂离子电池具有重量轻、储能容量大、功率大、无污染、寿命长、自放电系数小、温度适应范围广的优点，且价格下降空间较大，成为目前世界上大多数汽车企业和辅助服务电力储能行业的主要目标和主攻方向。

锂离子电池是典型的军民两用技术，空间用高性能锂离子蓄电池技术与产品，如高可靠、长寿命的专项电池和系统技术、高比能量电池活性材料制备技术、管理系统技术等，可转化应用到车用动力锂离子电池等方面。例如，高容量正极材料等关键材料是新型锂离子电池的关键技术，利用航天电源开发过程中掌握的材料合成制备、异元素掺杂改性及表面包覆改性的关键技术等研究解决中国锰酸锂材料高温循环性能差的问题，可获得高性能锰酸锂正极材料。结合航天需求和航天技术发展锂离子电池，一方面将满足航天型号装备对电极材料的要求，应用于空间高性能锂离子蓄电池产品，另一方面可将其应用于纯电动汽车动力电池中，结合新能源汽车等发展需求，积极推进示范应用和产业化。

（二）环境保护

中国在取得高速经济增长成绩的同时付出了巨大的环境代价，环境恶化和环境承载力不足，已成为制约中国社会可持续发展的重大瓶颈和影响人民生活和身体健康的严重问题。当前，中国工业化、城镇化和现代化远未完成，污染物和温室气体排放压力仍十分巨大，需要大力发展环保科技，提升全过程控源减排能力，保障经济社会绿色化发展，航天技术在这一领域大有可为。

1.煤炭清洁高效利用

中国是世界上最大的煤炭生产国和消费国，煤炭是中国的主力能源，中国目前能源消费结构中煤炭约占 70%，可预计，在未来一段时期内仍将是中国的主力能源。面对节能减排、应对气候变化等严峻挑战，煤炭的洁净、低碳、高效利用成为能源与环保科技的重要战略领域，煤炭清洁高效燃烧、煤气化和煤化工转化利用技术成为发展重点之一。

煤气化技术是煤化工及煤炭洁净利用的关键共性技术，对煤炭的清洁、高效利用有着重要的影响。作为发展煤基化学品合成、液体燃料合成、先进整体煤气化联合循环（integrated gasification combined cycle，IGCC）发电系统、多联产系统等流程工业的关键、共性技术，煤气化技术呈现出新的特点和需求，需要大力发展具有自主知识产权的大型煤气化技术。

利用液体火箭发动机总体设计、燃烧、传热和系统控制技术，依托航天在高压、高温传热、流体动力及燃烧等领域的技术优势，转化形成航天气流床粉煤加压气化技术，能够将几乎所有品质的固态煤转化成高效洁净气（一氧化碳 + 氢气），可应用于煤制甲醇 / 合成氨 / 二甲醚 / 烯烃 / 油 / 氢、IGCC 发电和化肥企业的煤头技术改造，并成功应用在国内多家煤化工企业，综合技术水平处于国际先进地位，与其他技术相比在技术指标、一次性投资、运行成本维护等方面具有比较优势。随着煤化工产业规模日益扩大，未来将开发更高气化压力和更大日处理量的气化炉，通过推广应用，实现生产能力达到国际先进煤气化技术规模，满足市场对大型煤气化的需求。

进一步地，液体火箭发动机技术等有望在清洁能源发电方面得到转化应用。清洁能源发电，即二氧化碳零排放新型发电系统，是由美国 CES 公司开发的新一代清洁能源系统概念，其主要特征是采用气体燃料、纯氧燃烧，燃烧生成的二氧化碳可以全部回收，实现对环境的零排放。CES 系统经过十几年的发展，目前在美国、挪威、荷兰等国进行了初步方案论证，一旦成熟应用，将具有巨大的市场潜力。CES 系统燃气—蒸汽发生器的原理与液体火箭发动机所用的燃气发生器基本一致，利用成熟的火箭发动机燃气发生器技术与蒸汽涡轮发电技术相结合，有望为开发零排放发电系统提供一种可行的技术途径。

利用航天飞行器试验用大功率管状电弧加热器所采用的等离子技术，开发大功率、长寿命等离子点火系统，用于电厂燃油、煤炭锅炉助燃，实现锅炉无油或少油点火，特别是能够适应不同的煤质、涵盖不同煤种，可以大大节省节约燃料耗量和发电成本，并有利于石化企业副产物石油焦的高效利用，避免环境污染。

2.废弃物综合利用

粉煤灰是煤燃烧后产生的固体废弃物之一，全世界每年都要排放大量的粉煤灰，各国都在积极寻找粉煤灰的再利用途径。中国每年因发电、炼钢、造纸等工业用煤产生大量的粉煤灰，按照减量化、再利用、再循环的原则进行治理和利用，“化害为利，变废为宝”，进一步开发粉煤灰的应用领域，从根本上解决粉煤灰的环境污染问题，是中国煤炭工业的重点任务之一。

航天技术主要可应用于粉煤灰资源化综合利用。高铝粉煤灰是中国特有的品种，其资源化利用，一方面降低粉煤灰的污染，同时可以为中国战略资源铝的需求提供一定的保障，但高铝粉煤灰提取氧化铝和二氧化硅的成熟工业化工艺有待进一步研发。利用航天相关技术可开发形成硫酸铵法工艺方案，从粉煤灰中提取氧化铝。与传统方法相比，整体流程较短，腐蚀性弱，设备投资较小，通过硅渣的工业化应用实现粉煤灰的资源化利用，达到煤灰吃干榨净、不产生任何废料的目的，具有一定的技术优势。通过航天企业与煤炭企业的联合开发和示范应用，逐步实现产业化发展。

3.大气污染控制

随着中国工业化和城镇化的发展，以 PM2.5 为主体的大气复合污染日益严重地威胁人民群众健康和环境安全。目前，控制 PM2.5 的大部分核心技术、设备和材料掌握在发达国家手里，亟须系统开展控制 PM2.5 的核心基础材料、核心仪器仪表、核心技术和核心设备，开展控制 PM2.5 的模式和体系建设。

PM2.5 控制的核心技术与装备包括高效雾化、高温除尘、烟气低温脱硝与脱硫脱硝除尘一体化、脱硝催化剂再生处置、湿式镁法烟气脱硫等。航天技术可转化应用于烟气脱硫脱硝、除尘等减排和清洁利用。利用空气动力学技术、风洞设计与实验技术等，提出脱硫除尘新概念，开发具有风洞结构特点、高效、低能耗的气动脱硫和除尘系统，可以以很少的循环液量达到很高的脱硫和除尘效率，PM2.5 的去除率超过 75%，高除尘率是气动脱硫技术的最大技术特点，与引进技术相比，能够更好地适应中国电站燃煤含尘率高、排放烟气含尘浓度高的特点，可有效降低 PM2.5 的一次排放，对改造提升现有燃煤电厂、大中型工业锅炉窑炉烟气脱硫技术与装备具有重要意义。可预计，航天技术在该领域的进一步转化发展，发展更有效和更节能的烟气治理新技术，将为 PM2.5 等污染物控制提供非常有价值的技术途径。

（三）信息技术

21 世纪，信息技术发展日新月异，信息技术与各学科、各领域深度融合、广泛渗透，向网络化、智能化和高可信的方向发展，在经济社会发展中得到越来越广泛的应用。例如，空间光通信技术，有望未来在地面骨干通信网发挥重要作用；空间信息技术、航天技术与信息技术的融合应用等，在物联网、智能城市等一些新的信息技术领域存在良好的发展前景。

1.空间光通信技术转化应用

卫星激光通信技术是卫星通信技术的新兴领域，是建立空间高速实时信息网络的有效手段，并可通过星地激光链路接入地面光通信网络中，组成天地一体化的高速通信系统，有望未来在地面骨干通信网发挥重要作用。

中国在轨卫星数量不断增加，要求数据传输率大幅提高，需要建立卫星高速通信网。卫星激光通信的特点是传输数据率高、光束极窄、发射天线口径小，具有原始数据保真传输、数据动态实时传输、数据保密性好、抗干扰能力强、频段资源不受限等优点，可作为高速大容量数据传输的重要手段。卫星激光通信系统由星地、星间激光通信链路组成，实现的关键是研制相应的激光通信终端和建立激光通信链路。中国目前已突破了卫星激光通信终端研制和高精度在线装调检测技术、卫星激光通信系统地面动态验证测试技术以及卫星激光通信系统技术；2011年，在卫星与光通信地面站间成功进行了首次星地高速激光通信试验，星地激光通信链路实现了快速捕获、全链路稳定跟踪和高速通信，链路性能优于目前美欧日同类终端水平。目前正在开展用于不同激光链路的工程化终端研制，形成激光通信终端型谱，激光通信终端单路数据率1～10吉字节每秒，“十三五”期间将进入空间组网应用阶段。

空间光通信终端的产品成熟度评估结果表明，该产品已按照航天产品研制要求完成了工程化产品光终端研制并通过了使用环境验证和试用，技术成熟度达到8级（总共9级），预计到2018年，产品成熟度可达到4级，即小批量生产阶段[66]。

空间激光通信技术测试仪器及配套测试设备精度高且系统复杂，为促进空间激光通信技术发展，需要进一步建立配套科研试验设施，研制发展以下系统：高精度多功能复式集成光电调试检测平台、空间实时高速动态光网络地面演示验证系统及光电器件及系统空间环境模拟及测试系统等。

空间光通信技术的应用前景包括以下几个方面：一是卫星激光通信可作为主要深空通信手段之一，为深空探测提供远距离通信保障。二是可作为通信系统的天基骨干链路，为多媒体通信、高精度对地观测等业务提供大容量高速卫星通信服务。三是将高性能的激光通信终端与卫星导航系统结合组成新一代卫星导航定位通信系统，建立高速动态实时激光链路，实现精确测试定位。四是地面应用方面。其可能的应用方向包括将移动通信信息高速接入空间光通信网络，可为任意两个中继站建立高速直联，有效提高系统带宽；为偏远农村、工矿、海疆、森林、沙漠等没有地面光纤通信系统的特殊区域提供高速通信服务；为长途交通工具提供高速通信服务；利用便携式移动激光通信终端建立星地激光通信链路，应用于抢险救灾、科学探险、环境保护等临时应急通信领域。

2.天地一体化物联网

物联网作为智能感知和智能处理信息网络系统，是促进生产生活和社会管理方式向智能化、精细化、网络化方向转变的重要推动力，也是提高国民经济及社会生活信息化水平的重要领域。

全面感知、智能控制、灵活传送是物联网的基本特征，物联网的发展趋势是形成一个无处不在、全面覆盖、自由灵活的信息网络，对任何人和物的信息都能进行及时获取、传输和智能处理，实现现实世界和虚拟世界的全面互联，而传统地面设备和系统无法对大范围或特定领域提供高密度、全覆盖的实时数据采集和数据传输服务，而卫星和升空平台可成为解决物联网广域应用和应急部署监测的支撑手段。

基于此，航天技术在物联网领域的应用主要包括两大方面：一是依托通信、导航、遥感卫星等空间资源，建立空间全球感知网、物联网天基通信网，与地面传感系统和地面通信基础设施融合，形成天地一体化的物联网，解决海洋、沙漠、高空等地面网络无法覆盖区域的物联网信息接入问题，提供高码率、大容量的数据通信服务，提供个人便携设备与低轨小卫星系统的实时通信及位置服务，促进实现信息的全面覆盖和无缝连接；二是发挥航天在系统集成、高精度传感器、惯导、遥控遥测、微机电、通信、信息安全等方面的技术优势，开展物联网关键技术、应用系统和解决方案研发。以卫星应用解决方案为主要载体，发挥远距离传输、精准导航授时、广域数据采集、感知与安全可靠设备研制等综合优势，形成支撑天地一体化物联网的能力（图 5-6）。

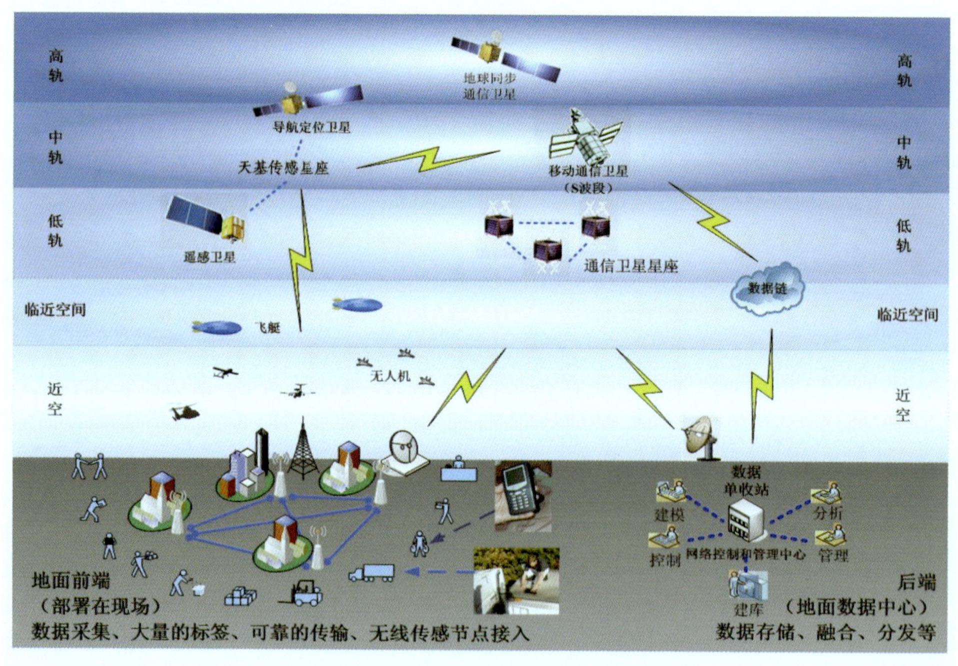

图 5-6　天地一体化物联网示意图 [67]

3.智能城市应用

中国未来仍将处在城市快速发展时期，随着城镇化进程，智能城市建设将成为科技创新、社会转型发展的重要领域。智能城市建设是以提高城市综合管理和服务水平为目标，推进城市规划建设、管理和公共服务、资源利用与环境保护、安全运行等信息化、高效化、现代化。

智能城市的建设内容十分广泛，几乎覆盖城市运行的方方面面，如城市信息网络基础设施建设，智能城市规划、交通物流、建筑家居，智能公共服务平台，以及医疗健康、环境卫生、城市安全等智能应用系统等。航天技术在智能城市中的应用也十分广泛，包括智能城市解决方案、城市地理空间数据、综合交通导航监控、网格动态定位服务、城市感知、指挥控制、应急处置、城市公共安全保障等方面。

例如，在城市管理和公共安全保障方面，综合应用多种航天技术提出“平安城市”的解决方案，以城市经济社会发展和城市安全管理的需要为出发点，结合各种特殊安全防控手段，建立消防、交管、安监的安全联动机制，并扩展到卫生、环境、能源、资源、通信等城市安全各方面，并打造形成一系列具备航天特色和技术优势的安保产品，如低空慢速小目标探测与拦截系统、地质灾害监测预警系统、数字单兵系统、排爆机器人等，构建出新一代平安城市的全天时、全天候、立体化的整体安全防控处置系统。

将卫星应用技术、相关航天技术及信息技术等相结合，打造天地一体公共安全与应急保障体系，是未来智能城市建设及实现公共安全保障的重要方向。利用卫星、高可靠性航天电子与信息技术等手段，结合物联网、云计算、大数据处理等先进技术途径，以信息网络安全、城市公共安全管理和应急响应为重点，发展包括设计指挥、通信、控制、情报、信息、监视、探测、处置、协同、集成等功能在内的系统解决方案，构建天地一体化的公共安全与应急保障体系。

（四）智能制造

随着信息化与工业化深度融合，以数字化、网络化、智能化、定制化和服务化为主要特征的新一轮工业革命正在兴起，将对制造业发展模式带来颠覆性影响。目前中国信息化与工业化这两化融合还处于起步阶段，面临产业基础薄弱、智能装备不足、流程管理缺失等挑战，智能化发展仍处于初期，迎接新一轮工业革命的重大挑战和机遇，需要大力发展智能制造装备、智能产品和数字化智能化网络化制造模式。

智能制造将成为新一轮工业革命的主导力量，航天作为中国的战略性领域，对先进制造装备的自主可控要求十分迫切，同时，深化信息技术在航天工业领域的集成和应用，积极推进航天数字化网络化智能化制造，是提升航天装备制造水平与能力，建设现代航天产业体系，支撑重大航天工程，实现航天强国的重要任务。对此，航天领域将与中国智能制造装备领域紧密结合，积极推进满足航天特殊制造需求的高端装备、智能制造装备的研发应用，开展数字化工厂、智能化研制生产体系建设和基于网络的协同研制生产模式构建与应用，通过军民结合发展，促进航天特种制造装备和中国重大制造装备能力提升。

1.云制造

发展服务型制造对提升制造业产业价值、促进制造业转型升级具有战略意义。针对社会化大制造的上下游链条长、关联企业多的情况，云制造平台能够对产业价值链进行重新整合，加强产业链内部以及跨产业链的业务协作，促进制造模式由“生产型制造”向“服务型制造”转变。

“云制造”融合了现有信息化制造及云计算、物联网、语义网络、高性能计算和智能科学等新兴信息技术，是一种面向服务的、高效低耗和基于知识的网络化敏捷制造新模式，它的成功实施将促进中国制造业的敏捷化、绿色化、服务化、智能化，市场前景十分广阔。

大系统协作是航天产品研发的基本特点，基于这一特点和要求，航天企业集团充分发挥总体集成、建模仿真、云计算、物联网、制造业信息化及复杂产品协同等方面的优势，率先提出了“云制造”的技术理念，并积极推进云制造平台技术研发和系统建设和应用示范。建立支持复杂产品全生命周期活动中制造资源和能力按需共享和动态协同的云制造服务平台，可将独立、分散的生产能力配置模式向整体、集成的结构转变，研制体系由孤立、串行、基于物理样机的传统研制模式向数字化并行、协同、以多学科虚拟样机为标志的新型数字化研制体系转变，合理配置不同企业的优势资源。中国制造领域对云制造的需求也日益旺盛，当前中国市场上主要还是在各企业内部分别实施信息化，缺少公共性的制造业信息化服务平台，难以支持整个产业的对接、协作以及资源整合。建立面向社会制造的“云制造服务中心”，将有效促进中国制造业信息化水平的提高。航天集团拥有丰富的产业资源（包括各类“硬”制造资源、“软”制造资源及制造能力），航天的制造资源和制造能力云化封装、虚拟接入技术适用范围广、成熟度高，可以有效支持基于云制造开展产业资源接入、整合及共享，将可以为社会化“云制造服务中心”的发展和应用提供重要推动作用。

2.智能制造装备与机器人

高端智能制造装备和机器人是新一代工业革命的重要发展方向，也是发展战略性产业和实现工业现代化的基础。面向国民经济支柱行业和战略性行业，突破一批高端智能制造装备，打破对国外的依赖，逐步建立起中国自主的智能制造体系，保障国家战略安全，是中国发展高端智能装备的基本策略。发展航空航天所需的高端智能制造装备和智能制造技术，推广智能制造应用，是中国高端智能制造的突破口之一。

基于空间基础设施、重型运载火箭等航天重大工程项目，针对航天产品极大极小化、整体化、轻量化、型面和结构复杂、高精度等特点，发展复杂结构精密超精密高效制造技术和装备、大型结构件制造技术和装备等，关键技术和装备突破后可推广应用到其他行业。例如，基于航天型号发展的数控旋压技术，旋压工艺在欧美发达国家已经成为高精度齿类零部件加工领域的主流工艺，而中国中高端旋压装备研制水平较低。随着新型大推力运载火箭项目实施研发的高端数控旋压装备，大幅提升了国产化中高端数控旋压装备的研制水平和制造能力，可向其他行业如量大面广的汽车行业零件旋压技术转化。

3D 打印（增材制造）集数字化和智能化于一体，是制造技术创新的重要标志和国际竞争的热点。航空航天是 3D 打印的优先发展领域之一，如美国、欧洲是金属构件 3D 打印的领跑者，应用目标包括导弹、人造卫星、超音速飞行器的薄壁结构件，以及飞机承力结构件、航空发动机零件等。积极发展航天复杂金属构件 3D 打印成套装备与工艺，建立高效精密、大幅面精密、大尺寸高效的多元化快速成型制造系统，对满足航天飞行器高性能制造、高密度发射制造需求的重要意义，也将进一步带动中国 3D 打印的整体水平提升。

航天机器人也是航天制造的重要发展方向，根据航天复杂产品制造、飞行器在轨维护和在轨制造等需求，发展多传感器融合的航天机器人制造、人在回路的航天机器人制造、大型展开件及结构件的机器人在轨制造与装配、多机器人协同制造等技术和装备，积极推动中国机器人行业的发展。

（五）智能基础设施

随着信息化、现代化的发展，建设新一代先进、安全的基础设施成为世界各国未来重要发展方向，通过建立智能化的基础设施，确保基础设施的安全、稳定运行，强化全方位、快捷的防灾减灾功能，如智能电网、智能交通运输系统、桥梁大坝等。

面向中国建立“健康”、“强壮”的现代化、智能化国家基础设施的需求，利用航天自动化技术、精密测量控制技术、高性能传感器，以及卫星通信、导航定位和遥感技术等，围绕大型桥梁港口、核电水电站、交通运输系统等，发展基础设施高精度感知、自动检测预警与诊断、无人恢复等智能处理技术，实现高效实用的基础设施维护、管理与更新，建设国际一流的安全交通系统，提升重大基础设施抵抗自然灾害和保障安全能力。其具体情形如以下方面的应用。

1.轨道交通防撞预警与无人驾驶汽车

发展安全驾驶支撑系统、技术及设备是建立未来先进、安全的交通系统的基础之一。

中国是城市轨道交通和城际轨道交通建设和发展最蓬勃的国家，列车防撞系统是保证轨道交通安全的关键系统，航空航天相关技术可在该领域应用。例如，2010年德国航空航天中心使用卫星定位、雷达测速、立体成像等传感技术和通信技术研发了一套列车防撞系统，可以实现列车之间的相互交流。中国国内车载自主独立防撞预警系统研究起步较晚，随着近年高速铁路和轨道交通发生多起运营事故不断受到重视。可综合利用卫星定位技术、雷达技术等发展轨道交通防撞预警系统，如借鉴“神舟九号”与“天宫一号”自动对接中采用的合作目标微波雷达技术，设计开发轨道交通自主雷达防撞预警系统，具有测量距离远、精度高，能测量前后车相对速度、适应地面或地下复杂轨道路况环境等优点，可实现地铁、轻轨等轨道交通在行驶过程中对轨道前方300～1 000米范围内的前车状况进行监控、预警，为轨道交通提供独立的安全系统。

无人驾驶功能是汽车智能驾驶的最高级阶段，目前处于概念阶段。采用航天导弹武器系统中的电子探测与控制技术、安全保险执行技术、多传感器碰撞技术原理，可转化研发汽车主控系统融合毫米波雷达系统、带行人识别的视觉系统、红外系统等无人驾驶系统所需技术。

2.红外全景监测技术应用

随着中国经济社会快速发展和快速城镇化，为保障公共安全、提高公共服务效率，针对公共场合的高效、快速、智能化监控管理日益重要。红外全景目标监测系统是针对大范围、长时间监测的应用需求而提出的。由于传统视频监测系统的技术局限性，导致在特定场合如在轮船、机场、广场、海边、国境等需要大范围监测领域应用监测系统庞大，费用高昂、容易出现死角、需要大量监控人员操作等问题。红外成像具有被动工作、抗干扰性强、目标识别能力强、全天候工作等特点，全景成像技术能够获得超大视场、进行目标识别，全景成像技术与红外技术结合能够使全景技术拓展到红外宽频谱波段工作，应用十分广泛。发展军民两用红外全景成像搜索技术，可拓展应用到边境安全、机场空中交通监控、搜索与救援、侵入探测、昼夜全景检查、反走私和毒品交易、海岸和国界的被动监测、夜间导航、森林火灾和早期监测、水污染监测等领域。

3.航天高精度测量与控制技术应用

高精度、高可靠是航天工程的特点，精密测量和精确控制等技术等是航天核心技术之一，具有广泛的转化应用前景，如在智能随钻测井方面的应用。以智能化为特点的新一轮石油装备技术革命已经成为未来石油装备技术发展的趋势。智能随钻测井技术属于钻井工程的关键技术，在国内拥有较大的市场需求，但国内尚未研发出该类技术仪器，而国外同类产品则只提供服务，不卖产品，服务价格昂贵。航天惯性技术、姿态检测技术、电磁波检测技术、高温环境适应性设计技术及总体设计技术等在发展智能测井技术方面具有重要应用潜力，可基于相关航天技术发展无线随钻地质导向系统、油田井下陀螺连续测斜系统等。随钻压力测量是开发低压、低渗油气田急需的一项技术，以航天高精度压力传感器技术和伺服技术为核心开发随钻地层压力工具。自主随钻测井系统研制，将降低中国对国外进口系统的依赖程度，降低石油能源勘探开采成本，提高勘探开采效益。

第六章

促进航天战略性新兴产业发展的政策取向

随着《国家民用空间基础设施中长期规划》的制定与逐步实施，中国应用卫星及卫星应用发展将打破原先分立式发展格局，进入统筹发展、开放共享的新时代。《国家战略性新兴产业发展规划》、《国家卫星导航产业中长期发展规划》等相关规划和配套政策等的相继实施，将为中国卫星及应用产业发展提供更有力的政策支持和保障。为进一步促进国家民用空间基础设施建设，充分发挥其应用效益，通过政府政策引导、市场调节合理配置各种资源，促进中国卫星及应用产业发展，相关政策取向如下。

一、强化国家统筹管理协调，加快国家顶层航天政策法规建设

加强宏观管理和统筹协调，加快构建跨部门、多领域、高层次的综合协调机制，强化高层综合统筹协调职能，重点解决军民协调、部门协调的问题，国家统一开展顶层规划，明确政府部门的职责和分工，促进空间基础设施的科学布局、资源共享和高效利用。

同时，通过制定国家层面的法律法规，建立有利于中国空间基础设施建设、应用和发展的长效机制，依据法律制定国家航天政策，并根据国家战略需要和国际形势变化不断进行调整，以保障中国空间基础设施及其应用长期健康有序发展，规范并促进其共享应用。

（1）研究制定国家空间基础设施管理条例，理顺管理体制，落实管理责任。鉴于空间基础设施的建设和运行管理涉及部门多，应用领域加速扩展，规定空间基础设施管理的职责分工、运行监管的内容、应用与服务的权利义务，明确空间基础设施安全运行维护的法律责任等，规范空间基础设施的规划、管理、建设、运行和应用，建立和完善近期与远期相互结合，科研星与业务星合理接续，天、地、应用协调发展机制，保障空间基础设施高效建设运行和科学的监督评价。

（2）加快制定国家数据政策，推进空间数据信息共享，保障空间数据的安全、高效应用和产业化发展。数据政策是加强数据资源开放，促进部门信息共享和业务协同的核心。中国急需制定数据政策，建立数据安全与受控机制，规范数据生产、运用与保密管理，规定民用高分辨率数据开放界限、数据发布的降解密流程、数据存档要求、标准产品与增值产品服务的提供主体及实施途径，确定行业部门、企业、个人等主体的数据共享权利和义务，以及根据国家安全、经济社会发展需要制定数据使用的扶持政策等，并明确国际数据服务与国家安全、国际义务、外交政策的关系，形成参与国际公益数据和商业数据竞争与服务的模式，建立数据应用的监督评价机制等。其中，数据开放界限原则上应与国外同类型商业卫星数据分辨率保持一致[68]。

二、建立和完善应用导向的运行机制，促进卫星应用效能发挥

（1）建立和强化以应用主导的运行机制。从用户需求出发，针对公益性业务卫星系列成立以主用户为代表的用户委员会机制，参与卫星系统的论证、建设与运行管理，包括任务调度和观测计划制订等，并对卫星运行和公共产品服务进行应用效能评估。

（2）强调应用超前部署，基于业务应用开展卫星系统建设。卫星系统发展要强调保障骨干业务系统连续性，优先发展应用需求强烈、具备业务应用基础的应用卫星，有效满足资源环境、防灾减灾、公共安全、智能交通、生态文

明、城乡建设、全球气候变化等重大领域应用需求。

（3）开展遥感卫星应用规划。中国已有的遥感应用规划主要针对某类卫星的应用，行业应用规划关注行业领域应用，缺乏面向全局和综合性应用的总体规划。通过应用规划，面向国家重大领域和行业应用主体业务，加快地面系统与应用系统的协调融合，加强跨行业、跨领域、跨部门、跨层级的资源共享、信息集成与综合应用服务，加强关键核心应用技术突破和共享应用，推进重大示范工程建设，全面带动卫星应用发展，促进遥感应用产业化。

三、加速机制、标准和设施建设，大力推进资源共享和产业化

（1）建立军民统筹共享的机制与标准。加速研究制定和实施军民统筹的技术标准、政策，建立协同调度的工作机制，有效利用军用技术与资源促进民用卫星网络、系统和应用发展，民用空间基础设施向军用开放共享，通过强化政府采购服务和数据共享、技术交流等提高支持军用能力。

（2）落实保障信息资源开放的技术和设施体系。落实推进共享的配套政策，基于统一数据标准，统筹规划建设地面站网、数据中心和共享网络系统，充分利用已有系统、网络和设施等资源，建立统筹共享的国家卫星遥感数据中心、共享网络系统和公共服务评估平台，实现跨部门、跨层级、跨领域的数据传输、资源共享和业务协同服务，在保障数据安全前提下，实现多层次、多深度、开放又可控的数据共享。加强卫星导航公共资源和数据的开放共享，统筹现有基准站和通信广播网络资源，构建室内外无缝覆盖、天地一体、服务产品多元的中国北斗增强与位置服务系统。

（3）加强标准体系建设，推动产业发展。随着卫星及应用领域融合技术的迅速发展，标准和知识产权的战略地位日益明显。应加速构建卫星通信、导航、遥感及综合应用的标准规范体系和产品达标认证体系。其包括：围绕构建天地一体卫星地面运营综合信息服务体系的需求，研究编制卫星移动通信业务、移动多媒体广播业务、宽带接入业务、地面接收设施等卫星运营管理服务标准；围绕北斗卫星导航产业化应用、北斗兼容型导航产品的批量化生产需求，研究编制卫星导航关键芯片/模块、基础软件、导航地图、导航终端设备、导航终端综合认证与测试、北斗通信终端入网与检测管理、卫星导航应用平台建设与服务方面的标准[69]；围绕卫星遥感数据产品的统一化管理、规模化生产、

业务化运行，以及数据资源的有效利用和资源共享的需求，研究编制卫星遥感数据基础类标准，遥感数据接收传输、业务测控、图像在轨测试的遥感地面数据系统类标准，以及卫星遥感数据处理、定标、归档分发、用户共享的遥感数据及应用类标准。完善标准信息服务、认证、检测等配套体系，为提升航天产业能力、培育与规范应用市场，促进技术转化、拓展运营服务提供全面保障。

四、发挥市场配置资源的决定性作用，推动多元化投资和商业化发展

（1）制定鼓励社会资本进入卫星及应用领域的政策，推进商业化发展。完善市场准入制度，鼓励多种经济主体和社会力量在国家规划和法规框架下投资建设和运行具备市场化运营条件的应用卫星，并开展运营及增值服务。

（2）推进卫星应用领域政府采购制度，鼓励基于自主卫星的数据增值服务与产品发展。政府投资项目应优先采购基于自主卫星、具有自主知识产权的数据、装备和服务；支持行业和地方应用单位或企业、科研院校研究开发增值产品，鼓励以企业为主体通过市场机制提供各类专题产品、定制产品和增值产品。在涉及国家时频安全的重要领域，制定强制应用北斗产品的政策标准。

（3）调整与完善卫星直播业务政策，促进卫星直播产业发展，在政府监管下鼓励并协调推进跨行业的、适应全球化发展的卫星通信新应用、新产业。

（4）加大财税金融政策支持。在整合现有政策资源、充分利用现有资金渠道的基础上，建立持续稳定的财政投入机制，支持业务卫星体系建设、科研卫星研制、共性关键技术研发以及重大共性应用支撑平台建设，支持和引导行业与区域的重大应用示范。鼓励金融机构加大对空间基础设施建设和应用的信贷支持。完善和落实鼓励创新、引导投资和应用的税收支持政策。

五、加强天地一体化的卫星及应用技术和应用模式创新

坚持自主创新，着力突破核心关键元器件、有效载荷和应用技术等，强调天地一体化的卫星应用技术和应用模式创新，制定天地一体化的研制标准和规

范，紧密结合应用需求开展体系化设计，注重发展新技术、新系统和新应用模式；国家科技计划要大力支持基于自主卫星的应用技术、应用系统研发和科技支撑体系建设，提高自主卫星应用水平。加快国家重大科技专项、重点工程成果集成转化，推动新型技术向业务应用转化。加强产学研用协同创新，大力推进重点行业和重大领域的卫星应用示范，尽快完成由单项技术创新为主向系统级、体系化集成创新转变。积极通过国际合作手段促进技术创新，集成多种外部技术创新资源，增强整体技术研发实力和原始创新能力。

六、制定系统的国际化发展战略，多途径推动国际化发展

（1）加强国际合作顶层设计和战略研究，拓展国际合作模式。对国际形势、竞争环境、国际格局及趋势演变等进行跟踪研究与分析，提出国际合作的总体战略、发展重点及竞争策略。支持国际技术合作、系统联合建设、海外建站，培育和开发具有国际竞争力的空间基础设施应用技术和产品，推动自主卫星数据和服务出口，加强多种应用领域的国际交流合作。

（2）积极参与国际组织和国际标准制定，建立卫星及应用产业发展的有利国际环境。积极参与相关国际组织和国际规则的制定，切实有效地维护中国空间基础设施权益。加强国际协调，推动中国进入相关国际和区域组织，在国际组织框架下发挥积极作用，不断提升中国在国际卫星应用领域的影响力和话语权。加强国际标准建设，在卫星通信领域积极参与国际电联相关标准的研究制定，在卫星导航领域，推动北斗进入相关国际组织的应用标准。在卫星遥感领域，推动大数据共享、存储、分发以及多源遥感融合技术的国际标准规范的研究制定。

七、加强军民融合，大力促进航天技术转化

（1）积极探索军民融合的新思路、新方法。设立军转民技术孵化专项基金，大力支持航天技术转化中的资源投入，鼓励、支持军民技术双向转化，积极推进产学研用结合、上下游结合基于供应链的航天技术转化与创新联盟，加强培育和发展技术集成度高、应用范围广、社会影响力强的大项目，通过联盟

研发重大创新产品，形成创新链，促进产业化。

（2）建立、完善航天技术需求发布机制和技术信息服务平台。加强“军用技术转民用推广目录”和“高新技术与产品推荐目录”的引导作用，建立可转化技术的梳理、评估、共享、培育和推进的平台和机制，继续支持地方政府发展军民融合产业基地，积极培育中介机构，发挥宇航学会、遥感应用协会和全球定位协会等行业协会作用，加快构建促进航天技术转化、转移的产业服务体系。

参考文献

[1] 中华人民共和国国务院 ."十二五"国家战略性新兴产业发展规划 .http：//www.gov.cn/zwgk/2012-07/20/content_2187770.htm，2012-09-24.

[2] 曾澜，周晓纪，王亚琼，等 . 空间基础设施的内涵与定位研究 . 中国航天系统科学与工程研究院报告，2012.

[3] 王礼恒，王崑声，周晓纪，等 . 卫星及应用产业 . 2013 年中国战略性新兴产业发展报告，2013.

[4] 王礼恒，曾澜，王崑声，等 . 空间基础设施发展战略研究 . 中国航天工程科技发展战略研究院内部报告，2012.

[5]The Tauri Group. State of The Satellite Industry Report（2014）. Satellite Industry Association. http：//www.sia.org/，2014-05-30.

[6] 王一然，蒋宇平，曹秀云，等 . 空间"轨道革命"带来的变革与启示 . 中国航天系统科学与工程研究院报告，2014.

[7] Rosenberg Z. The coming revolution in orbit. http：//www.foreignpolicy.com/articles/2014/03/12/the_coming_revolution_in_orbit_space_diy，2014-03-12.

[8] 美国航天基金会 . 2014 年航天报告 . 中国航天系统科学与工程研究院内部翻译报告，2013：33-49.

[9] 忻向军，张琦，王厚天 . 宽带卫星通信系统发展现状与展望 . 国际太空，2013，(6)：14-19.

[10] 中国卫星导航系统管理办公室 . 北斗卫星导航系统发展报告（第 2.1 版）. http：//www.beidou.gov.cn/zcbdbg.html，2012-12-26.

[11] GPS World Staff.Eighth GPS ⅡF Set to Launch Wednesday.http：//gpsworld.com/eighth-gps-iif-set-to-launch-wednesday/，2014-10-23.

[12] 赵嫣 . 俄罗斯"格洛纳斯"导航系统又一颗卫星入轨 . http：//news.xinhuanet.com/world/2014-06/15/c_1111149824.htm，2014-06-15.

[13] 汪琦 . 印度区域导航卫星系统（IRNSS）项目 . 科技情报快讯，2013，(7)：1-14.

[14] 曹冲 . 全球导航卫星系统体系化发展趋势探讨 . 导航定位学报，2013，1（1）：72-77.

[15]The U.S. Group on Earth Observations. Development of the U.S. Integrated Earth Observation System：Progress and Recommendations for the Way Forward，2007.

[16] 山海涛，宋宏伟，张举 . 地球观测技术发展现状及趋势——地球观测组织第九次全会概述 . 军事测绘导航，2013，(2)：52-53.

[17] 宣颖，慈元卓，王宇，等 . 国外对地观测系统发展战略研究 . 内部报告，2011.

[18] 葛宇 . 全球最高分辨率商业卫星 WorldView-3 发射成功 .http：//news.3snews.net/2014/

0818/35608.html，2014-08-18.
[19] 周小坤，方秀花，刘旭蓉，等．国外对地观测地面系统建设现状与发展趋势研究．内部报告，2011.
[20] 姚源，暴海龙，李辉，等．国外卫星遥感地面试验场研究．内部报告，2011.
[21] 曾澜．高分——欧洲卫星遥感基础设施发展现状及对我们的启示．国土资源信息化，2003，(5)：42-45.
[22] 李铁骊．美国商业遥感卫星公司组织管理和运行模式．卫星应用，2013，(3)：52-56.
[23] 穆京京．2012 年全球遥感卫星市场概述．中国航天，2013，(6)：23-27.
[24] 曹秀云．美国的空间安全政策与战略．国防科技工业，2013，(06)：60-61.
[25] 翟峰．美国军用通信卫星加速全面更新换代．数字通信世界，2012，(9)：53-56.
[26] 李宇华，刘文平，魏俊峰，等．美国 GPS 政策的演变规律及启示．第四届中国卫星导航学术年会电子文集，2013.
[27] 李云．美国空军拟放缓 GPS Ⅲ 卫星计划开发进度． http：//www.chinanews.com/mil/2014/03-19/5970195.shtml，2014-03-19.
[28] 何奇松．浅析欧洲空间政策．欧洲研究，2009，(3)：119-129.
[29] 曹秀云，陈建光，李辉，等．2011 年国外对地观测发展年度报告，2011.
[30] 陈建光．国外军用合成孔径雷达卫星的近期发展．航天科技集团公司 707 研究所内部报告，2011.
[31] 许广学，李爱萍．俄罗斯卫星通信的新发展．通信与计算科学，2007，(1)：43-48.
[32] 魏雯．俄联邦 2006 ～ 2015 年航天规划概述．中国航天，2006，(11~12)：24-26，33-36.
[33] 张瑞芹，尤文虎．日本的国家太空战略．外国军事学术，2009，(8)：32-35.
[34] 美国航天基金会．2011 年航天报告．中国航天系统科学与工程研究院内部翻译报告，2011：16-17.
[35] 美国航天基金会．2012 年航天报告．中国航天系统科学与工程研究院译内部翻译报告，2012：14-16.
[36] 美国航天基金会．2013 年航天报告．中国航天系统科学与工程研究院内部翻译报告，2013：9-20.
[37] 王一然，李双庆，李天春，等．国内外军民结合政策措施 & 航天军民两用技术产业化典型案例．中国航天工程咨询中心内部报告，2010.
[38] 叶培建．面向未来航天发展的技术体系和战略研究．中国航天工程科技发展战略研究院内部报告，2013.
[39] 张俊祥．卫星通信发展展望．无线电通信技术，2012，38（4)：1-4.
[40] 崔君霞．卫星导航通信融合的现状及发展趋势．第三届中国卫星导航学术年会电子文集——SO_2 卫星导航信号体制及兼容与互操作，2014-05-25.

[41] 刘春保 . 美国定位、导航与授时体系浅析 . 国际太空，2011，（03）：27-34.
[42] 李婷，穆远东，周辉，等 . 高分辨率遥感卫星前沿概览与发展趋势 . 军民两用技术与产品，2013，（9）：8-10.
[43] 张如意，李卿，董瑶海，等 . 静止轨道气象卫星观测系统发展设想 . 上海航天，2012，29（5）：7-13.
[44] 郭玲华，邓峥，陶家生，等 . 国外地球同步轨道遥感卫星发展初步研究 . 航天返回与遥感，2010，31（6）：23-30.
[45] 李力，周晓纪 . 卫星通信应用产业研究 . 中国航天系统科学与工程研究院报告，2012.
[46] 国家新闻出版广电总局 . 全国直播卫星户户通用户突破 1600 万 . http：//www.sarft.gov.cn/articles/2014/10/13/20141013153721610093.html，2014-10-13.
[47] 王亚琼，周晓纪 . 卫星导航应用产业研究 . 中国航天系统科学与工程研究院报告，2012.
[48] 孙胜凯，周晓纪 . 卫星遥感应用产业研究 . 中国航天系统科学与工程研究院报告，2012.
[49] 国家测绘地理信息局 . 卫星测绘应用中心 . 国产民用高分辨率立体测图卫星测绘与应用关键技术（内部报告），2014.
[50] 付兴科 . 资源三号测绘卫星信息化与应急应用 . 卫星与网络，2013，（3）：24-29.
[51] 张利文，张晓祺 . 我国成功发射“高分一号”卫星 . http：//www.news.mod.gov.cn，2013-04-26.
[52] 余涛，杨健，郑利娟 . 高分一号应用情况 . 中国科学院遥感与数字地球研究所内部报告，2013.
[53] 杨维汉，余晓洁 . 我国“高分二号”卫星成功发射 国产对地观测卫星分辨率首次精确到 1 米 . http：//news.xinhuanet.com/tech/2014-08/19/c_1112138006.htm，2014-08-19.
[54] 张庆君，张健，张欢，等 . 海洋二号卫星工程研制及在轨运行简介 . 中国工程科学，2013，7：12-18.
[55] 董超华，范天锡，刘玉洁，等 . 航天科学技术在导航、能源、环境等民生领域的应用研究 . 中国航天工程科技发展战略研究院内部报告，2013.
[56] 环境保护部卫星遥感应用中心 . 环境遥感应用 . http：//www.secmep.cn/secPortal/portal/column，2011-01-12.
[57] 李德仁 . 我国高分辨率对地观测卫星系统商业化运营研究 . 中国航天工程科技发展战略研究院内部报告，2013.
[58] 栾恩杰 . 中国空间探索的切入点——“地月日大系统研究”的观念 . 航天器工程，2007，16（3）：1-8.
[59] 周乐，王雪，王宁 . 商用卫星通信系统技术发展趋势 . 2012 年度电子对抗资料情报工作会议论文集，2012：16-30.
[60] 航天制造强国发展战略研究课题组 . 航天制造强国发展战略研究 . 中国航天系统科学与工程研究院内部报告，2014.

[61] 张靓，郭丽红，刘向南，等．空间激光通信技术最新进展与趋势．飞行器测控学报，2013，32（4）：286-293.

[62] 国务院办公厅．国家卫星导航产业中长期发展规划．http：//www.gov.cn，2013-09-26.

[63] 曹冲．新时空服务体系开拓泛在导航服务．国际太空，2013，（1）：14-21.

[64] 中国卫星导航定位协会咨询中心．中国卫星导航与位置服务产业发展白皮书（2013 年度），2014.

[65] 栾恩杰，郭建宁，孙胜凯，等．航天技术转化应用及产业化研究．中国航天工程科技发展战略研究院内部报告，2013.

[66] 葛宏志，李力，周晓纪．空间激光通信技术成熟度评价．中国航天工程科技发展战略研究院内部报告，2013.

[67] 张雁东，何锡陵，周晓纪，等．天地一体化物联网发展专题研究．中国航天工程咨询中心内部报告，2012.

[68] 杨冬，姚磊，石慧峰，等．我国民用遥感卫星政策现状及商业化发展研究．军民两用技术与产品，2013，（9）：13-15.

[69] 黄迅，张乐，李高峰．国外卫星导航应用标准研究．卫星应用，2013，（04）：50-53.